风力机叶片动态响应分析及裂纹检测技术

宋 力 著

中国石油大学出版社

山东·青岛

图书在版编目（CIP）数据

风力机叶片动态响应分析及裂纹检测技术 / 宋力著
. --青岛 ：中国石油大学出版社，2021.10
ISBN 978-7-5636-7298-1

Ⅰ．①风… Ⅱ．①宋… Ⅲ．①叶片－动态响应②叶片
－裂纹分析 Ⅳ．①TK05

中国版本图书馆 CIP 数据核字(2021)第 213210 号

书　　　名：风力机叶片动态响应分析及裂纹检测技术
　　　　　　FENGLIJI YEPIAN DONGTAI XIANGYING FENXI JI LIEWEN JIANCE JISHU
著　　　者：宋　力
责任编辑：穆丽娜(电话 0532-86981531)
封面设计：青岛友一广告传媒有限公司
出 版 者：中国石油大学出版社
　　　　　　（地址：山东省青岛市黄岛区长江西路 66 号　邮编：266580）
网　　　址：http://cbs.upc.edu.cn
电子邮箱：shiyoujiaoyu@126.com
排 版 者：青岛天舒常青文化传媒有限公司
印 刷 者：泰安市成辉印刷有限公司
发 行 者：中国石油大学出版社(电话 0532-86983437)
开　　　本：787 mm×1 092 mm　1/16
印　　　张：10.5
字　　　数：220 千字
版 印 次：2021 年 10 月第 1 版　2021 年 10 月第 1 次印刷
书　　　号：ISBN 978-7-5636-7298-1
定　　　价：58.00 元

前言

Preface

近年来,随着对环境整治力度的加大,我国逐渐从煤炭发电转向环保的风力发电,风力发电如今已成为我国的新兴战略产业。2020 年,我国风力发电量达到 $4\,665\times10^8\ \mathrm{kW\cdot h}$,较 2019 年增加了 $608\times10^8\ \mathrm{kW\cdot h}$,同比增长 14.99%。2020 年,我国风电新增并网装机 $7\,167\times10^4\ \mathrm{kW}$,其中陆上风电新增装机 $6\,861\times10^4\ \mathrm{kW}$,海上风电新增装机 $306\times10^4\ \mathrm{kW}$。截至 2020 年底,全国风电累计装机 $2.81\times10^8\ \mathrm{kW}$,其中陆上风电累计装机约 $2.71\times10^8\ \mathrm{kW}$,海上风电累计装机约 $900\times10^8\ \mathrm{kW}$。

内蒙古自治区风能储量约 $2.7\times10^8\ \mathrm{kW\cdot h}$,占全国总储量的 1/5,居全国首位;全区年平均风速 3.7 m/s,大部地区年平均有效风能功率密度为 $150\sim200\ \mathrm{W/m^2}$。

国家"十三五"规划中提到,内蒙古自治区风电装机容量要达到 45 GW 左右。截至 2020 年上半年,内蒙古自治区已完成风电并网装机容量 30.33 GW,占全国累计装机容量的 13.99%,已超额 10.33 GW。其次,本地消纳规模已在 2019 年底达到 29.29 GW,超过"十三五"规划的 27 GW。2020 年 8 月,国家发改委发布了关于公开征求《西部地区鼓励类产业目录(2020 年本)》意见的公告,指出将加快西部地区产业结构调整和特色优势产业发展。这势必将内蒙古自治区的发展重点向风电行业偏移。

在风电行业发展过程中,风力机的工作效率取决于风力机叶片对风能的获取。风力机的叶片在运行期间承受气动荷载、离心力荷载及重力荷载的交变作用,长期工作后叶片的疲劳程度缓慢增大,使用寿命逐渐缩短,其对风能的利用率亦降低。在全球变暖和风力机装机容量不断增大的背景下,风力机叶片在强风、大风和台风等强风天气条件下发生损伤、折断的频率和影响程度呈现显著的上升趋势。在强风天气条件下,风力机叶片的速度太快而无法及时调节迎风角度,在强风荷载作用下风力机的稳定性大大降低,导致叶片失效损伤等现象频发,甚至出现致命性的破坏。因此,如何科学有效地实现风力机叶片失效损伤的精准识别与运维,是保证风电稳定发展的关键要素。

一项截至 2019 年 3 月的全球范围风力发电机组事故统计数据表明,在所统计的全部 2 457 起事故中,风力机叶片故障有 415 起,占全部风力发电机组事故的 16.89%,位列机组事故来源之首。

2009 年 12 月,美国纽约州 Fenner 风电场的 1 台机组发生叶片坠落事故,事故机组为 1 台 1.5 MW 机组。2012 年 9 月 5 日,中国新疆托克逊风电场突发强风风况,风电场中的风力机叶片失效损伤,风力机受损。2019 年 12 月 6 日,中国台湾省台中市的风力机叶片因强风作用,转速过快而无法及时调整迎风角度,风轮受力严重不平衡,致使叶片损坏。

风力机叶片事故高发期通常与盛风期重叠,而因叶片故障导致的停机通常需要较长的维护时间,从而给风电场带来巨大的经济损失。因此,为提高风电运行安全性、减少整体运维成本、提升风电市场竞争力,针对风电装备的重点监测对象——风力机叶片——开展损伤诊断与健康监测研究势在必行。

根据风力机叶片在不同工况条件下出现的种种失效损伤问题,当下风电场的迫切需要是监测与探伤。风力机叶片作为一类典型的复合材料,其损伤失效评判方法与健康监测方法主要包括以下几大类:

(1) 基于模态参数方法。风力机叶片损伤可引起刚度减小及本征频率等改变,基于模态参数方法利用该机理进行损伤识别诊断,检测参数包括本征频率、模态振型、曲率、应变能、柔度、阻尼。该方法对大尺度叶片损伤检测有效,但对局部微小损伤的检测不敏感。

(2) 基于静力学参数方法。基于静力学参数方法能够对叶片的局部状况进行描述,对局部损伤更为敏感。该方法依据结构在有无损伤时的应变、位移等静态参数的不同来识别叶片损伤,具有容易实现、多点测量等优点,不足是检测精度较低。

(3) 基于机电阻抗方法。结构中损伤的存在会引起压电片电阻抗的变化,依据该原理可实现损伤的识别。基于机电阻抗方法集信号激励和采集于一体,是一种主动式结构健康监测方法,具有局部灵敏度高、系统集成、简单方便等优点,适合平板类结构的在线监测。

(4) 其他方法。其他方法有基于导波的方法、声发射技术、激光错位散斑干涉技术、热成像技术、多信息融合技术等。

在内蒙古自治区中西部地区,风力机叶片失效损伤的快速识别技术与相关检测实践方法的研究尚处于起步阶段,从技术基础和检测开展的角度来看,如今仍然存在两方面的严峻挑战:

第一,内蒙古自治区风电场的风速大、风向变化频繁,时常出现大风和强风天气,对大型风力机叶片的运行带来考验。对动态运行中的风力机叶片进行失效损伤检测,在实施开展方面是难以实现的。

第二,内蒙古自治区西部风电场大批量风力机叶片处于服役末期,其检测的需求量非常大,而传统的人工上吊篮检测风力机叶片的方式效率低、成本高,且存在较大的安全隐患,因而缺乏快捷、安全的处理整个风力机叶片检测流程中种种问题的办法。

为此,以内蒙古工业大学为牵头单位,内蒙古电力(集团)有限责任公司内蒙古电力科学研究院分公司、国水集团化德风电有限公司为合作单位,联合申请了内蒙古自治区科技计划项目——风力机叶片结构动态响应研究及裂纹检测应用示范。前期项目中,研究团队针对风力机叶片结构动态响应及无人机观测实验开展了扎实的研究,取得了丰硕的成果,部分已在 Renewable Energy,Energy Sources,International Journal of Green Energy 以及《可再生能源》等知名学术期刊公开发表。在此基础上,经过近两年的潜心研究,撰写了《风力机叶片动态响应分析及裂纹检测技术》一书。

新时代风电场的运行与维护、服役末期风力机叶片的巡检与维修以及多学科新兴技术为支撑的交叉运用,正成为风电研究中的关键内容。由此,风力机叶片的运维应该从全面提升检测效率和方便快捷角度全盘统筹考虑,更需要前期创新理论方法并提升科技支撑能力。本书阐述了强风作用下兆瓦级风力机叶片受力特征及动态响应的表征方法、风力机叶片裂纹扩展机理及无人机检测风力机叶片失效损伤的有效流程,并以图文并茂的形式呈现给读者。

基于本书中的科学研究,分析出在强风工况下风力机叶片的典型失效区域和失效模式,同时考虑裂纹的扩展对叶片动态响应的反馈机制。依据数值模拟结果,可指导无人机巡检流程程序的编写,增大无人机对重点失效区域的拍照重叠率,减少非重点区域的拍照数量,以提高其巡检效率。将风电场所有的风力机叶片损伤图像采集并汇总,建立图像数据库,并对风力机叶片常见的失效损伤形式进行归纳与分类。与此同时,建立一套基于神经网络算法的损伤分类和识别系统,将采集到的图像导入识别系统后能够精准迅速地导出检测报告,识别准确率极高,检测用时短,效率高且安全性强。该技术具备大规模推广应用的价值,在做好"碳达峰""碳中和"工作方面,该技术的推广使用能够加快调整优化产业结构和能源结构,为蒙西地区的风电场运维提供新思路和技术支撑。

本书撰写过程中参阅了大量的文献,主要观点均做了引用标注,如有疏漏,在此表示歉意。由于作者专业水平与写作能力有限,书中如有不妥之处,敬请批评指正!

目　录
Contents

第1章

叶片结构响应及裂纹检测技术发展

1.1 叶片风致响应及损伤背景

风能是一种洁净可再生的一次能源。我国风能资源丰富,分布广泛,陆地 70 m 高度年平均风功率密度达到 200 W/m² 以上的风能资源技术可开发量为 3.6 TW;140 m 以上的高海拔地带,风能资源技术可开发量达 51×10^8 kW;近海不超过 50 km 且水深不超过 50 m 的海上风电实际可装机容量约 500 GW[1,2]。

根据世界风能理事会(Global Wind Energy Council,GWEC)的风能报告,到 2019 年底,全球风电累计装机容量达到 650 GW,新增装机容量 60.4 GW,其中我国新增装机容量为 25.74 GW,占全球新增装机容量的 42.62%。相比 2018 年,2019 年我国的新增装机容量增加了 19%,我国和美国仍是最大的陆上风电市场[3]。因此,风力发电是新能源领域最具发展潜力的行业。

截至 2020 年底,我国风电装机容量达到 2.81×10^8 kW,风电发电量达到 $4\,665 \times 10^8$ kW·h,同比增长 15%。在第 75 界联合国大会一般性辩论上,习近平总书记郑重宣布:"中国将提高国家自主贡献力度,采取更加有力的政策和措施,二氧化碳排放力争 2030 年前达到峰值,努力争取 2060 年前实现碳中和"[4]。国家"十四五"规划中也指出,要加强新能源、高端装备、新能源汽车、海洋装备等战略新兴产业发展,加快推动绿色低碳发展以及推动能源清洁低碳安全高效利用。在低碳发展与战略转型的背景下,风电产业蓬勃发展。

内蒙古自治区在全国风能资源中的占有量居第一,风速和风能质量均处于风能发电可利用范围内,适合风电项目发展[5]。以内蒙古自治区某风电场为例,该风电场地处北纬 40°附近,常年盛行西北气流,地势相对平坦,多为草原;昼夜温差大,空气流动更加强烈。因此,细长的弹性风力机叶片在剧烈的气流作用下容易出现各种损伤。研究表明,风力机叶片在旋转方向上的变形与叶片展长之比可达到 10%~15%[6],此类弹性变形影响着风力机的正常运行。

在强风作用下,风力机叶片在运行期间承受可变的风荷载。由于叶片的速度太快,叶片无法调节迎风角度,导致风力机的稳定性差,并且容易出现机械故障和叶片损坏。在我国,陆上风力机的服役年限多为 20 年,其维护成本可占风电场总收入的 10％～15％[7]。目前风电场多采用人工定时巡检的方法进行故障排查,但巡检往往要求对同一设备进行重复检查,这无疑增加了风电场的运维成本。同时,人工巡检容易遗漏潜在故障,且很难第一时间判断已发现故障的来源,这些问题都会给设备带来安全隐患,影响设备的正常运行。图 1-1 所示为强风作用引起的叶片典型破坏模式。

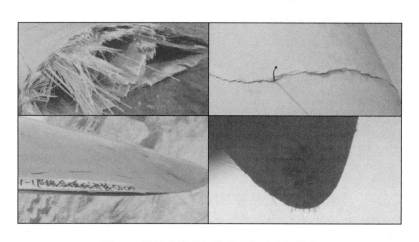

图 1-1　强风作用引起的叶片典型破坏模式

由图 1-1 可以看出,强风作用下叶片的损伤形式有断裂、裂纹、前缘风蚀及叶尖开裂等。强风荷载作用于旋转叶片表面时,叶片无规则振动,出现失效现象[8,9]。风力机在强风工况下的安全应引起足够的重视。随着服役年限的增长,风力机同样面临部件老化等问题,需对其进行安全性评价。

风力机叶片的制造成本占风力机成本的 15％～20％[10],其失效事故发生后的维修和更换费用可达数百万元。根据一项全球风力机事故的统计结果,在风力机常见事故中,叶片故障导致的事故占全部事故的 16.89％[11],在风力机主要事故来源中占据首位(图 1-2)。因此,对风力机叶片损伤形式进行研究和分类,能够指导对叶片的监测和预警工作,极大地降低事故发生率,减轻风电场的经济损失。

一般而言,风力机叶片是一种以环氧树脂为基体、以玻璃纤维为增强体的复合材料弹性体[12],其结构较复杂,为其损伤后的检修和维护带来诸多挑战。在实际工程中,风力机叶片的损伤种类繁多,包括胶衣脱落、裂纹、层间开裂和纤维断裂等多种形式[13]。其中,裂纹损伤是风力机叶片诸多损伤形式中极为常见的一种,如图 1-3 所示。

风力机叶片表面裂纹多集中于迎风面。在风力机运行过程中,叶片承受复杂的交变荷载,拉伸作用的积累和机组自振会引发胶衣疲劳,进而在胶衣表面形成裂纹。在低温作用以及强风冲击下,裂纹容易因应力的积累而产生扩展。一般裂纹出现在风力

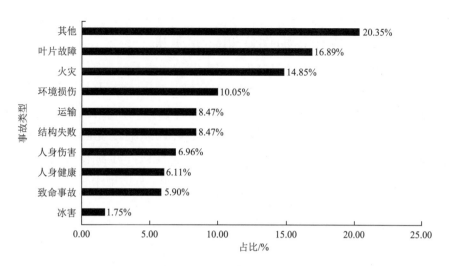

图 1-2　风力机事故统计图

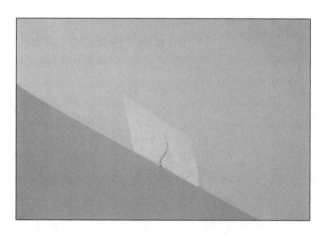

图 1-3　裂纹损伤示意图

机运行 2～3 年后,而在风力机刚投入运行时,裂纹很难产生[14]。随着叶片启停过程中受力的极速变化,以及空气中风沙和颗粒物的侵蚀作用,裂纹的扩展会进一步加剧,直至导致整支叶片断裂,给风电场带来不可估量的损失。因此,对含裂纹损伤的风力机叶片进行研究就显得尤为重要。

目前,风力机叶片正朝着更大更柔的方向发展,研究强风作用下风力机叶片的风致响应对减少事故损失具有重要的工程应用价值。对强风工况下的风力机叶片进行流固耦合数值模拟分析,可为无人机巡检风力机叶片提供重点监测区域,该方法可以替代烦琐的传统吊篮检测方式,提高巡检效率。在发展风力发电的同时,应该开展风力机在强风及风切变作用下的动态特性研究,探究叶片在风荷载作用下的应力集中区,了解叶片产生裂纹的机理及扩展规律,旨在得到裂纹损伤的失效准则,为风力机叶片的检修和维护提供理论指导。

1.2　叶片气弹特性及损伤监测研究现状

在风力机的所有部件中,叶片的作用举足轻重。叶片的动力特性是评价风力机工作效率的重要指标。因此,叶片的动态响应是风力机领域研究的重点课题之一。风力机所处工作环境恶劣,叶片在长期运行中会产生裂纹,从而改变叶片的结构强度。在复杂交变荷载的作用下,叶片上的裂纹会扩展,甚至导致叶片断裂。强风工况同样会影响叶片的正常运行。叶片在强风荷载下会发生变形,改变叶片原有的气动外形和结构稳定性,对风力机的工作效率及运行寿命造成不利的影响。

近年来,随着强风作用下风力机叶片结构破坏事故的增多,国内外学者基于不同角度,采用实验和数值模拟计算等方法,研究了含损伤和不含损伤的风力机叶片的风致动态响应,分析了叶片在气动力、离心力及重力等作用力下的静态和动态变化,并对风力机叶片所受荷载、变形特性和功率输出等进行了一系列研究。风力机叶片裂纹生成原因与扩展规律的分析也是国内外学者关注的焦点。

Burton 等[15]、Murtagh 等[16]以风力机整机为研究对象,利用数值模拟方法研究了风力机在随机风荷载下的动态响应,并对塔架进行了动态响应分析,得出与参考文献较为贴近的模拟结果。Zhu 等[17]基于 ANSYS 软件,对 1 500 kW 水平轴风力机叶片在极限荷载作用下的应力、应变分布进行了分析,同时还分析了叶片的振型,为大型风力机叶片的结构设计提供了一定的依据。Fernandez 等[18]提出了一种用于计算不同风速下风力机叶片的整体和局部应力/应变的自动化程序。通过数值模拟,分析了叶片的气弹响应,计算了风荷载作用下叶片的表面压力分布。Jiang 等[19]利用应力/应变测试系统,对运行中风力机叶片的应变和动态响应进行了测试,研究了二者之间的相关性,该研究为风力机实时荷载监测与诊断提供了新的思路。Fang 和 Liu[20]计算了叶片位移模态的变化规律,其中叶片位移模态、横向分量的变化及轴向位移差的变化率可以作为判断风力机叶片易损区域的依据。Sebastian 等[21]、Kim 等[22]根据立体模式识别系统直接捕捉到叶片的变形,预测了叶片的形状,并基于数值模拟研究了叶片位移及应变的规律。Zhang 等[23,24]将脉动风速谱导入有限元分析软件,计算叶片的位移和应力分布,发现叶尖在展向的振幅最大时叶片中部出现最大应力,其结果为风力机叶片强度校核提供了参考。Dou 等[25]对 1.35 m 长的风力机叶片进行了静态试验,采用图像测试技术测量了风力机叶片的位移和应变,该技术可作为测量叶片位移的有效工具。Deng 等[26]以 3 MW 风力机为例,研究了叶片叶尖部分的位移,同时讨论了湍流强度对叶尖挠度的影响,其研究结果对工程具有实际应用价值。Cheng 等[27]采用双向流固耦合方法,计算了在风切变和脉动风共同作用下的叶片动态响应,最终形成一种监测风力机动态响应参数的方法。Wang 和 Zhou 等[28,29]对风力机叶片的位移及应力分布规律进行了探究,研究了不同腹板偏移量下的应力分布,其结果对叶片的设计和制造具有指导意义。Choudhury 等[30]设计了一种改进的风力机叶片,找到一种减小气弹耦合的方法。Dimitrov 等[31]提出了一种适用于平坦地形的风切变模型,该模型可以显著降低预测风力机疲劳负荷时所产生的不确定性。他们还发现:在湍流作用下,风切变指数的减小有利于降低风力机叶片的疲劳损伤等效荷载。部分学者[32-38]利用双向流固耦合方法研究了强风工况下叶片与塔架间的耦合作用及风荷载对模态参数和功率的影响,分析了叶片在多种荷载作用下的受力和强度特征。Sedighi 等[39]基于 CFD 方法分析了叶片截面的气动特性,找出了影响带凹槽风力机叶片输出功率和转矩的因素。Bae 等[40]建立了 2 MW 水平轴风力机叶片完全气弹模型,并计算了多种荷载下叶片的结构强度及荷载特性。Yangui 等[41]、Johnson 等[42]和 Ullah 等[43]基于 ANSYS 软件,计算了风力机叶片在强风荷载下的振动特性及结构响应,通过优化叶片结构使风力机整体功率特性提高。Shen 等[44]、Fu 等[45]、Guo 等[46]和 Wang 等[47]研究了变工况下的风力机叶片疲劳特性,并分析风力机叶片在随机风荷载下的振动及变形。

　　Liu[48]考虑到由于叶片旋转所产生的离心刚化作用和气动阻尼作用,对叶片弯曲振动特性进行分析,并依据叶片结构动力学的运动方程,求解了叶片的动态响应,发现大型水平轴风力机叶片在工作过程中承受较大的振动和位移变形。Liu 等[49]研究了风力机叶片变形特性,发现叶尖复杂的振动是叶片在风载作用下与塔架弹性变形相互耦合作用的结果。吴攀等[50]分析了不同湍流强度风况下风力机的动态响应。研究表明,叶根平均力矩在短时间内波动较大,这是导致风力机叶片根部产生位移和变形的主要原因。赵荣珍等[51]基于有限元法对叶片在变荷载下的动态响应进行了计算,结果表明,考虑剪切变形影响得到的叶片振动幅值比不考虑剪切变形影响时平均增大约7.5%。白叶飞等[52]分析了风力机叶片旋转时叶根处的平面应力状态,发现截面形心的翼型表面是叶片易受损的危险位置,最大主应力方位角从前缘向后缘发展呈现不同的规律性。侯西等[53]对 200 W 小型风力机进行了流场仿真和结构有限元计算,并利用光纤光栅传感器对叶片进行了应变实验,研究了叶片表面的静压分布、应变分布和不同气动荷载下叶片最大应变的变化趋势。结果表明,在叶片 0.6 倍半径处的应变最大,数值计算与实验测量结果基本吻合。关新等[54]通过对风力机叶片的静力学分析,确定了叶片应力集中区的位置,并结合 ANSYS 软件计算了风力机叶片的疲劳可靠性,为风力机及叶片的设计提供了一定的依据。付慧[55]研究了固定风速、不同转速下风力机叶片的变形特性,为叶片的强度设计提供了指导。周兴[56]搭建了一种研究风力机叶片动力学性能的实验台,通过调整湍流发生装置布局来模拟不同地形下的湍流度,通过测量平均风速、湍流强度等变化开展一系列模拟研究,同时使用应变片和动态测试系统采集分析了不同风速下叶片的动态响应,研究了风切变对动态响应的影响。陈晓明和康顺[57]、王胜军等[58]基于滑移网格技术和 CFD 方法计算了风切变下风力机气动特性和尾流特性。张彪[59]、付德义等[60]研究了强风作用下风力机的极限荷载及功率特性。徐芯璇和吕超[61]采用 Bladed 软件对某型风力机进行了荷载计算,确定了典型截面的荷载分布。贾娅娅等[62]、任年鑫等[63]模拟了强风下风力机叶片的气动荷载对功率特性的影响，其结果可为风力机平稳运行提供依据。

近十余年来，随着计算机算力的大幅度提升，计算流体力学(CFD)和有限元数值模拟技术得以发展，这使得大型商用模拟仿真软件可以应用到风力机流场分析和动态响应研究中。同时，随着扩展有限元法(XFEM)被应用到工程领域，国内外专家学者开始将该方法引入风力机研究领域中，用以研究裂纹损伤的扩展机理。

张亚楠等[64]基于计算流体力学(CFD)理论，利用 ANSYS Workbench 仿真软件，以 1.5 MW 风力机叶片为研究对象，研究了 CFD 计算及流固耦合的数据传递问题。结果表明，在靠近叶片根部位置处出现应力集中现象，最大应力达到 5.6 MPa，这说明叶根部位容易出现裂纹损伤，进而导致叶片断裂。宋力等[65]基于流固耦合原理，以风轮直径为 2 m 的水平轴风力机为研究对象，分析了叶片在不同工况下的位移和应力/应变特性，发现叶片沿展向的受力和位移最大。张建平等[66]利用有限元软件对不同风速下风力机叶片的挠度和应力进行了分析，发现应力主要集中在叶片迎风面中部。赵元星等[67]将切变风函数编译成 UDF(user defined function)，对两种不同翼型的风力机叶片的应力分布规律进行了分析，研究发现，当叶片旋转至 30°方位角时受力最大；沿弦长方向，叶片在无因次弦长位置(即翼型上某处位置距前缘距离 x 与弦长 C 的相对值)$x/C=0.4$ 处受力最大。丁宁[68]基于流固耦合基本理论，以含裂纹损伤的风力机叶片为研究对象，利用 ANSYS Workbench 软件进行了风力机叶片的气弹特性分析，并采集特征点处的应力数据，对叶片的裂纹损伤进行诊断识别。Winstroth 等[69]利用数字图像相关(DIC)系统对全尺寸风力机进行了测量，研究了风力机叶片的气动特性，判断了叶片在不同风速下的响应规律。Hamdi 等[70]使用有限元方法，分析了叶片结构在气动、离心、重力荷载下的静态和动态响应规律，发现叶片在上述荷载下呈现周期性变形，这直接影响叶片的疲劳寿命，导致风力机的运行效率显著降低。Ke 等[71]在考虑偏航效应的前提下对某大型水平轴风力机整机行了计算，研究了风致疲劳效应对风力机气弹特性的影响，同时准确估算出空气动力荷载和剩余疲劳寿命，研究结果证实了风力机所受风能在叶片边缘最强，在轮毂结构处最弱。Rumsey 等[72]对含疲劳损伤的叶片的应力特性进行了研究，并对叶片损伤进行了分级。

姜焱等[73]对 1.9 m 长的三维机织复合材料风力机叶片进行了模态分析，通过分析不同工况下叶片的振动频率，发现离心力对叶片的模态特性存在较大影响。顾永强等[74]对含损伤风力机叶片进行了静止状态和旋转状态下的试验，结果表明，叶片损伤部位越靠近叶根，损伤面积越大，叶片的固有频率减少量越多。曾海勇[75]利用数值计算和试验相结合的方法，研究了应力刚化效应对含损伤叶片模态特性的影响规律，分析了应力刚化效应的产生机理。研究表明，应力刚化效应使叶片的固有频率增大，且频率数值随风轮转速增大而增大。张俊苹[76]研究了旋转状态下风力机叶片的损伤识别问题，使用理论分析和数值模拟相结合的方法，分析了叶片旋转引起的旋转软化效应和应力刚化效应,并基于振动频率数据对风力机叶片的结构损伤进行了识别。Suri 等[77]在考虑模态频率、阻尼和振型变化的前提下,对含不同类型裂纹的风力机叶片进行了试验,结果表明,裂纹对叶片的模态特性有显著影响,且裂纹尺寸越大,损伤叶片的模态参数变化越明显。Tarfaoui 等[78]基于 ANSYS Workbench 软件研究了长 48 m 的大型复合材料叶片的频率特性,得出了叶片在低阶频率下不会发生共振的结论,证明了 FEM 法应用于风力机叶片频率特性研究的可行性。Gutu Marin[79]运用 ANSYS 软件分析了长 3.9 m 的 10 kW 风力机叶片在静止和旋转状态下的频率特性,利用叶片的一阶固有频率值绘制坎贝尔图,并分析出叶片易发生共振的区域。

周勃等[80]基于计算流体力学和断裂力学理论,以风力荷载作为裂纹扩展的主要荷载,分析了不同初始尺寸裂纹在不同风速下的动态扩展机理。结果表明,裂纹的初始尺寸与风力荷载的大小均对叶片的裂纹扩展速率与方向产生影响,且在高风速下裂纹发生失稳扩展的概率增大。杨宇宙等[81]基于线弹性破坏力学的扩展有限元法,利用 Abaqus 扩展有限元软件,建立了含微缺陷复合材料管的简化模型,分析了内冲击荷载循环作用下的疲劳裂纹扩展特性。王海鹏[82]以某型号无人机机翼为研究对象,基于 Abaqus 软件,对机翼肋板中的初始裂纹受飞行荷载的扩展行为进行了模拟,研究了裂纹的扩展路径和相关断裂力学参量的变化规律。胡舵[83]以具有初始裂纹损伤的复合材料压力容器为研究对象,利用试验和扩展有限元数值模拟相结合的方法,研究了材料性能、初始裂纹形貌和服役条件等因素对裂纹扩展规律的影响,对复合材料裂纹扩展的机理进行了分析。李恒和杨飏[84]针对低温冲击作用下含裂纹船海结构物易呈脆性断裂破坏的问题,选取加筋板单元,进行了面外横向冲击荷载作用下裂纹发展路径和断裂规律的研究。彭英等[85]针对均质平板结构,研究了裂纹初始角度、初始长度和所受荷载大小等因素对裂纹扩展路径的影响。房庆军[86]利用 ADINA 软件建立模型,研究了花岗岩受单轴压缩时裂纹的扩展状况,通过对剪应力和拉应力分布的研究,总结了不同角度裂纹的扩展规律。

Sierra-Pérez 等[87]提出了一种用于检测风力机损伤的、基于应变实时测量的方法。Joosse 等[88]将声发射监测系统应用于小型风力机叶片的静态和动态测试中,研究了叶片的疲劳损伤程度,并且进行了相关的强度测试。Tang 等[89]利用声发射检测技术监测在役风力机叶片的运行状态,采用了一种信号处理算法,裂缝被成功检测并预警。Ghoshal 等[90]利用声发射测试技术进行了风力机叶片的静态测试和疲劳测试,验证叶片能否满足实际要求,并指出声发射的检测方法不仅能够对损伤进行分类,还可以对损伤程度进行预估。顾佳梅等[91]提出使用果蝇优化(FOA)算法和支持向量机(SVM)相结合的方法对风力机叶片表面状态进行检测:首先采集两类损伤故障的声发射信号,然后对信号进行小波处理,提取能量特征,根据能量特征信息,建立支持向量机模型,测试其准确率,最后采用果蝇优化算法优化支持向量机参数,使损伤识别模型更准确。Gan 等[92]开发了一种自动无损检测系统,利用脉冲回波超声对内部损伤进行原位检测。Raiutis 等[93]应用带导波的超声波空气耦合技术来检测风力机叶片故障。吴晓旸[94]利用压电陶瓷片发出的超声波信号对风力机叶片简化结构的损伤进行识别,以确定损伤的位置和程度。肖劲松和严天鹏[95]针对风力机叶片中的损伤,使用脉冲红外热成像法对叶片内部缺陷进行了检测。Hahn 等[96]将红外线热成像法运用到风力机叶片的疲劳实验中。该方法可以识别夹层区域的裂纹、根部分层和后缘裂纹,同时还可以去除大部分信号噪声。Pratumnopharat 等[97]介绍了一种从风力机叶片的电阻应变片传感器信号中提取疲劳损伤的方法,提出了一种基于小波变换的方法来简化该信号,使其精度更高。Pitchford 等[98]利用嵌入风力机叶片中的电阻应变片作为传感器,通过在叶片上增加荷载来检测传感器的信号变化,从而实现叶片的损伤监测。Ciang 等[99]通过预先集成在风力机叶片中的光纤来获取叶片的信号,并通过分析光纤信号来检测其裂纹、断裂等损伤,从而对叶片损伤进行分类。Oliveira 等[100]介绍了一种基于振动的监测系统,能够监测陆上和海上风力机的叶片损伤。于坤林等[101]应用基于图像处理的方法来实现对航空发动机叶片的检测。乌建中和陶益[102]根据风力机叶片材料复杂性、结构不对称性及其振动信号表现出的时变特点,将短时傅里叶变换(STFT)应用于风力机叶片裂纹检测中,运用短时傅里叶变换分析了叶片在健康状态及不同裂纹损伤状态下自由衰减振动信号及其变化规律,为风力机叶片裂纹检测提供了一种合理方法。Wang 和 Zhang[103]提出了一种基于无人机采集图片,Logiboost、决策树和支持向量机相结合的风力机裂纹分类方法。Abhishek 等[104]基于深度学习,使用无人机捕获的图像来训练神经网络模型,并根据有无故障对叶片图像进行分类。

1.3　存在问题及对策

国内外学者主要采用数值模拟和实验测试的方法,包括流固耦合数值模拟、非线性气弹分析、大型风力机微缩模型的完全气弹风洞实验和相关静态实验等,对风力机叶片在变工况下的气弹响应、功率特性、荷载特性以及振动规律方面进行了探究。

对于数值模拟结果的提取与分析,主要侧重于风力机叶片的 CFD 计算,但由于叶片体积和质量过大,往往难以实现动态和静态实验,并且数值模拟结果的准确性难以考究和对照。微缩模型实验可以得到风力机叶片的结构响应,但大型风力机叶片与微缩模型无法等价和对照。因此,仅靠数值模拟及微缩模型实验测试的方法来分析大型风力机叶片的动态响应是无法满足工程实际需求的,而应以现场观测实验等研究方式来补充工程实际运用的需要。

综上所述,笔者按照一定顺序就以下几点研究内容进行介绍:

(1) 强风作用下风力机叶片应力耦合性分析及失效研究。

风力机运行过程中,叶片承受气动荷载、离心力荷载和重力荷载等交变作用,在强风作用下容易出现各种损伤,因此应探究叶片的应力分布及失效情况。

（2）变工况下风力机叶片气弹稳定性分析。

来流风速变化时,风力机叶片通过改变桨距角来适应风速,尽可能提高风能利用率。研究启动和停车期间风力机叶片变桨下的气弹稳定性,可为启停过程中叶片的安全性和可靠性提供判别依据。对预应力下风轮振动规律的探究,可解释复杂荷载作用于旋转风轮时叶片受力不平衡而产生振动的原因,为避免出现共振现象提供一定的依据。

（3）风力机叶片失效准则计算及外部损伤评估。

使用无人机对服役末期1.5 MW水平轴风力机叶片进行巡检,通过对图像的辨别,突出展现叶片损伤情况。考虑叶片各区域损伤出现的频次,并对照叶片应力分布与无人机拍照采集到的受损结果,综合判定叶片产生失效的原因。

（4）典型工况下含裂纹损伤风力机叶片动态特性研究。

含裂纹损伤风力机叶片在运行过程中承受复杂交变荷载的作用,在裂纹尖端极易产生应力积累。结合无人机实拍图片,通过研究叶片上不同分布区域和角度的裂纹,分析含裂纹损伤叶片的动态特性,从而判断裂纹分布位置、角度等因素对叶片的危害程度。

（5）风力机叶片表面裂纹扩展机理分析。

叶片表面裂纹在应力积累作用下会产生扩展,因此应研究均质材料叶片和铺层材料叶片表面裂纹的扩展特性,分析裂纹扩展路径与裂纹扩展过程中应力的改变,研究初始裂纹尺寸的变化对裂纹扩展的影响规律,进一步分析叶片表面裂纹扩展机理。

（6）典型区域裂纹失效特性分析。

风力机叶片的失效过程往往伴随着裂纹尺寸的增长,通过探究典型位置处裂纹应力随裂纹尺寸的变化规律,得到叶片失效时裂纹的具体尺寸,同时研究环境温度变化对失效裂纹应力、变形特性的影响规律。

（7）基于 Faster R-CNN 算法的风力机叶片损伤检测识别应用示范。

提出一种风电场大数据与卷积神经网络相结合的方法,实现对风力机叶片损伤类别的自动检测识别和分类。利用无人机拍摄的风力机叶片图像,构建风力机叶片损伤图像数据集,建立 Faster R-CNN 神经网络检测模型,并将该模型应用于内蒙古自治区某风电场风力机叶片损伤检测。

1.4 技术实现及未来发展

基于所介绍的研究内容,预期的技术实现及未来发展预测情况如下:

（1）将强风风荷载谱施加到有限元模型上,分析叶片在强风作用下的等效静力风荷载和风致位移响应。根据风致动态响应,准确判断叶片在强风荷载下的受力分布及失效区域。分析风力机叶片典型失效模式和极限承载力,指导叶片采取加固措施。

（2）风轮旋转时,由于重力及离心力等综合作用,旋转周期内的叶片各截面应力近似呈正弦形态变化,叶片受力不平衡而产生振动现象。考虑施加角加速度后,分析叶片的低阶和高阶振动频率变化及模态振型,同时分析预应力下风力机叶片的振动频率,讨论风力机叶片出现共振现象的潜在可能性。

(3)实际情况中,风切变使得不同高度的风速不同,风速呈指数增长趋势。探究风力机叶片的应力耦合性规律及位移变化时,向数值计算模型中增添风切变函数并采用更适合风力机叶片CFD分析的滑移网格技术,使模拟结果更加接近实际情况。

(4)以含裂纹损伤的1.5 MW风力机为研究对象,基于数值计算方法,研究含裂纹损伤风力机叶片的动态特性、裂纹的扩展规律以及损伤叶片的失效特性。通过与无人机实拍图片进行对比,验证计算结果的准确性。

(5)根据风力机叶片强风荷载谱及其与大气运动的耦合关系,研究和发展一种在强风作用下确定大型水平轴风力机叶片等效应力的方法,对叶片截面进行失效判断,并取得原创性成果。该研究成果将为内蒙古风电场中风力机组的设计、运行和维护提供依据和参考。

(6)利用流固耦合的计算方法研究风力机叶片在强风工况和启停工况下的失效区域,汇总失效模式。采用无人机对风力机叶片损伤部位拍照,可将采集到的图像汇总至数据库,统计并分析同一风电场内的数百台风力机叶片各部位损伤出现的频次。结合数值模拟结果与观测试验,增加无人机对重点区域拍照的图像重叠率及拍照数量,减少非重点区域的拍照数目,以达到提高巡检效率的目的。

(7)在未来的研究与工程应用中,本研究成果可为无人机巡检提供方便,使无人机检测方式普遍应用。将收集到的大量损伤图像分类汇总并划分损伤等级,建立图像处理系统,该系统可以快速识别叶片的损伤特征并快速准确地导出检查报告。无人机图像采集及机器识别技术具有广阔的应用前景和极高的效率。

第2章
叶片动态响应及裂纹扩展理论

在风力机的运行过程中,受剪切风和湍流的共同作用,气流的流动变得不稳定、不均匀,使风力机叶片承受波动的荷载而出现过大变形。风力机叶片承受着交变荷载的作用,疲劳寿命逐渐缩短,致使叶片出现不同类型和程度的失效损伤。

在叶片设计阶段,需对其静态及动态荷载进行分析,以指导结构疲劳计算,同时准确预测叶片的气动性能和结构响应特性。准确的动态响应计算是进行叶片设计的基础。因此,应通过风力机叶片的气弹响应计算来提高设计与校核的准确性。为实现该计算,首先应建立风力机叶片的结构动力学模型,分析其受力情况。

2.1 风力机基本理论

2.1.1 贝茨理论

1919 年,德国物理学家阿尔伯特·贝茨(Albert Betz)首先提出了贝茨定律(Betz'Law),它是研究风力发电中风能效率的基本理论[105]。贝茨定律的建立依据如下假设:① 将风轮看为一平面圆盘,且叶片数量为无穷多,没有流动阻力,可以接收流经风轮的所有动能;② 定义空气为连续流体,不可压缩,且空气没有黏性和摩擦阻力;③ 通过风轮的气流是均匀的,气流速度的方向始终平行于风轮轴线。这样的风轮可以称为"理想风轮"。

图 2-1 所示为风轮气流模型图。图中,v 为风速,v_1 为切入风速,v_2 为残余风速,S 为叶片扫风面积。

设空气密度为 ρ,则单位时间内通过风轮的风的质量 M 可表示为[106]:

$$M = \rho S \frac{v_1 + v_2}{2} \tag{2-1}$$

根据牛顿第二定律,经过风轮的动能等于风的残余动能与风的初始动能之差,则动能变化量,即功率 P 可表示为:

$$P = \frac{1}{2} M (v_1^2 - v_2^2) \tag{2-2}$$

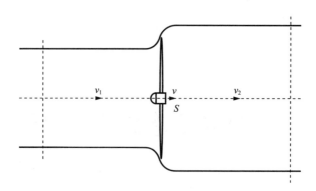

图 2-1　风轮气流模型图

联立式(2-1)和式(2-2)得：

$$P=\frac{1}{4}\rho S(v_1^2-v_2^2)(v_1+v_2) \tag{2-3}$$

若切入风速 v_1 为定值，则 P 值取决于 v_2，有[107]：

$$\frac{\mathrm{d}P}{\mathrm{d}v_2}=\frac{1}{4}\rho S(v_1^2-2v_1v_2-3v_2^3) \tag{2-4}$$

对上式进行求解，可得：

$$v_2=\frac{1}{3}v_1$$

则风轮的最大功率 $P_{\max}$ 可表示为：

$$P_{\max}=\frac{8}{27}\rho Sv_1^3=\frac{1}{2}C_P\rho Sv_1^3 \tag{2-5}$$

式中，$C_P=16/27\approx0.593$，一般称为贝茨功率系数；$\frac{1}{2}\rho Sv_1^3$ 等于风速为 v_1 的风能 T。式(2-5)可以简写为：

$$P_{\max}=C_PT \tag{2-6}$$

式(2-6)说明，叶片所能获得的最大功率为叶片接受全部风能的 59.3%，也就是说，理想风轮做功的最大效率为 59.3%。

2.1.2　涡流理论

风轮旋转时会在叶尖处形成尾迹涡(图 2-2)，通过各叶尖的气流会在风轮下游组成螺旋状迹线，因此可以将风轮的流场看作一螺旋线。

由于涡流的形成，流场中轴向和切向的流速发生了改变，故引入干扰系数，即轴向干扰系数 a 和切向干扰系数 b。根据涡流理论，风轮旋转平面处气流轴向速度为[108]：

$$v=v_1(1-a) \tag{2-7}$$

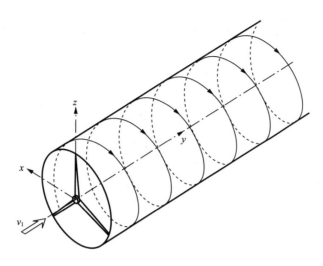

图 2-2 风轮尾迹图

式中 v——气流的轴向速度；

v_1——气流的来流速度。

气流的切向速度为：

$$u=\Omega r(1+b) \tag{2-8}$$

式中 u——气流的切向速度；

Ω——气流角速度；

r——旋转域半径。

2.2 风力机叶片气弹响应理论

2.2.1 叶片荷载

1）气动荷载

BEM 理论是风力机气动荷载计算的常用理论[109-112]。非定常 BEM 理论引入叶根和叶尖损失，加入动态入流和动态失速模型[113-118]。流经叶片的相对速度 v_{rel} 的计算公式为：

$$\begin{bmatrix} v_{rel,x} \\ v_{rel,y} \end{bmatrix} = \begin{bmatrix} v_{0x} \\ v_{0y} \end{bmatrix} + \begin{bmatrix} 0 \\ v_{rot} \end{bmatrix} + \begin{bmatrix} W_x \\ W_y \end{bmatrix} - \begin{bmatrix} v_{bx} \\ v_{by} \end{bmatrix} \tag{2-9}$$

式中 v_0——风速；

v_{rot}——风轮旋转引起的线速度；

W——诱导速度；

v_b——叶片振动速度。

各速度矢量关系如图 2-3 所示。

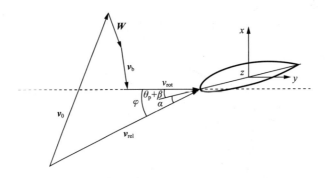

图 2-3　诱导速度分量示意图

诱导速度 **W** 可表示为[119]：

$$W_x = \frac{-nBL\cos\varphi}{4\rho\pi rF\,|\,v_0 + f_g\boldsymbol{n}(\boldsymbol{n}\boldsymbol{W})\,|} \tag{2-10}$$

$$W_y = \frac{-nBL\sin\varphi}{4\rho\pi rF\,|\,v_0 + f_g\boldsymbol{n}(\boldsymbol{n}\boldsymbol{W})\,|} \tag{2-11}$$

式中　nB——叶片数；

　　　L——升力；

　　　φ——入流角；

　　　ρ——空气密度；

　　　r——叶片截面的展向位置；

　　　$\boldsymbol{n}$——风轮平面法向向量；

　　　F——Prandtl 叶尖损失因子；

　　　f_g——Glauert 修正系数。

对诱导速度进行迭代计算，更新诱导速度，求解局部入流角 φ 和攻角 α[120]：

$$\tan\varphi = \frac{v_{\text{rel},x}}{v_{\text{rel},y}} \tag{2-12}$$

$$\alpha = \varphi - (\theta_p + \beta) \tag{2-13}$$

式中　φ——入流角；

　　　α——攻角；

　　　θ_p——桨距角；

　　　β——翼剖面几何扭角。

2）离心力荷载

当风轮旋转时，由旋转引起的某一微元段的离心力 dN 为：

$$\mathrm{d}N = m(r)\omega_{\text{rot}}^2 r\mathrm{d}r \tag{2-14}$$

式中　$m(r)$——线质量；

　　　ω_{rot}——风轮的角速度。

沿展向积分后，得到叶根坐标系下的离心力荷载分布。

3）重力荷载

叶片旋转时也承受着重力荷载作用。重力荷载在旋转周期内呈现正弦规律变化趋势。叶根坐标系下的叶片重力分布情况为：

$$f=\begin{bmatrix} f_x \\ f_y \\ f_z \end{bmatrix}=a_{56}a_{45}a_{34}a_{23}a_{12}a_{01}\begin{bmatrix} 0 \\ 0 \\ -mg \end{bmatrix} \tag{2-15}$$

式中　f——叶片重力；

　　　$a_{01},a_{12},a_{23},a_{34},a_{45},a_{56}$——行列式中的代数余子式，按照代数余子式的定义即可求解。

2.2.2　叶片动态特性

模态分析是模态叠加法求解叶片动力响应的前提条件。复合材料叶片可视为悬臂梁结构。对比文献[120]和文献[121]发现，离心力对叶片动态特性的影响不容忽视：

$$dQ_x=-p_x(r)dr+m(r)\ddot{u}_x(r)dr \tag{2-16}$$

$$dQ_y=-p_y(r)dr+m(r)\ddot{u}_y(r)dr-dN_y \tag{2-17}$$

$$dM_x=-Q_ydr-N_ydr+N_zdy \tag{2-18}$$

$$dM_y=-Q_xdr-N_zdx \tag{2-19}$$

式中　Q——剪力；

　　　M——弯矩；

　　　$p(r)$——分布外荷载；

　　　$\ddot{u}(r)$——角加速度；

　　　N_y,N_z——离心力分量。

在 yz 平面内，叶片以摆振方式运动；离心力按坐标分解，N_z 分量产生恢复力矩，起刚化作用，N_y 分量起柔化作用。在 xz 平面内，叶片以挥舞方式运动，离心力 N_z 只起刚化作用。图 2-4 展示了摆振和挥舞方向的离心力作用情况。

扭角及桨距角 θ_p 的变化能够引起摆振和挥舞的弹性耦合效应[122,123]。根据工程梁理论[124]，曲率公式适用于主轴平面内的横向荷载施加受力计算。叶片位移为 $u=A\sin(\omega t)$（其中 A 为振幅），角加速度 $\ddot{u}=-\omega^2 u$，其中 ω 为特征频率。将式（2-16）和式（2-17）中的外荷载项去掉，代入加速度项得：

$$\frac{dQ_x}{dr}=-m(r)\omega^2 u_x(r) \tag{2-20}$$

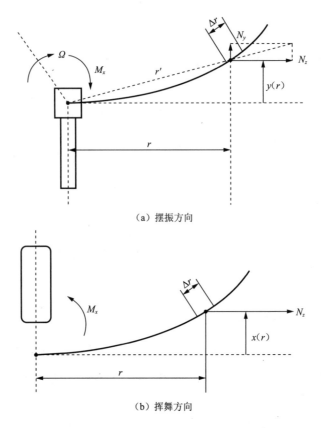

（a）摆振方向

（b）挥舞方向

图 2-4　摆振和挥舞方向离心力作用情况

$$\frac{\mathrm{d}Q_y}{\mathrm{d}r} = -m(r)\omega^2 u_y(r) \tag{2-21}$$

通过比较可知,当外荷载与惯性力相等时,可得到特征模态。

利用叶尖位移估算特征频率 ω:

$$\omega^2 = \frac{p_x^N}{u_x^N m^N} \tag{2-22}$$

式中　N——离心力。

利用正交性条件:

$$\int_0^R u_x^j m u_x^k \mathrm{d}r + \int_0^R u_y^j m u_y^k \mathrm{d}r = 0 \quad (j \neq k) \tag{2-23}$$

式中　R——叶片半径。

能够实现对前几阶模态成分的过滤,从而求解叶片的下一阶模态。

2.2.3　叶片动响应

叶片气弹响应的计算需将叶片各阶响应叠加,最终得到系统的动响应[125]。叶片微元段的动力学方程为：

$$m(r)\ddot{x} + c(r)\dot{x} + \frac{\partial^2}{\partial r^2}\left[EI(r)\frac{\partial^2 x}{\partial r^2}\right] = q(r,t) \tag{2-24}$$

式中　$c(r)$——单位长度阻尼；

　　　E——弹性模量；

　　　$I(r)$——叶片截面惯性矩；

　　　$q(r,t)$——外荷载。

采用比例阻尼的形式描述阻尼项并替换方程中的阻尼项。

变换坐标得：

$$x(t,r) = \sum_{j=1}^{\infty} f_j(t)\varphi_j(r) \tag{2-25}$$

式中　$\varphi_j(r)$——第 j 阶振型；

　　　$f_j(t)$——广义位移，可将广义位移向量从物理空间变换到模态空间。

对于低阻尼的情况，可得到：

$$\frac{d^2}{dr^2}\left[EI(r)\frac{d^2\varphi_j(r)}{dr^2}\right] = m(r)\omega_j^2\varphi_j(r) \tag{2-26}$$

把式(2-25)代入式(2-24)并简化，得到：

$$\sum_{j=1}^{\infty}\left\{m(r)\varphi_j(r)\ddot{f}_j(t) + \frac{\partial^2}{\partial r^2}\left[EI(r)\frac{d^2\varphi_j(r)}{dr^2}\right]\dot{f}_j(t) + \frac{\partial^2}{\partial r^2}\left[EI(r)\frac{\partial^2\varphi_j(r)}{dr^2}\right]f_j(t)\right\} = q(r,t) \tag{2-27}$$

用式(2-26)替换式(2-27)中相应项，并在方程两侧乘以 $\varphi_i(r)$，对叶片展向进行积分。运用正交性条件，可消除左侧的全部交叉项($i\neq j$)，解耦的动力学方程为：

$$m_i\ddot{f}_i(t) + 2\xi_i m_i\dot{f}_i(t) + m_i\omega_i^2 f_i(t) = \int_0^R \varphi_i(r)q(r,t)dr \tag{2-28}$$

式中　m_i——广义质量。

加速度 $\ddot{f}_i(t)$、速度 $\dot{f}_i(t)$、位移 $f_i(t)$ 各项前的系数项分别为模态质量、模态阻尼与模态刚度。

2.2.4　叶片气弹耦合参数

1) 叶片弹性位移场

叶片弹性位移场是依靠叶片轴向坐标来描述叶片运动的空间广义坐标[126]。下面引入叶根坐标系和变形后坐标系，其中叶根坐标系视为未变形坐标系。叶片弹性变形如图 2-5 所示。

叶根坐标系 R 的原点为叶片的根部剖面与参考轴线的交点。参考轴线位于叶片 1/4 弦线的位置，x 轴沿参考轴线，方向由叶根指向叶尖。y 轴平行于弦线，指向前缘为正，z 轴垂直于 xOy 平面，指向吸力面为正。定义 u,v 和 w 分别为 i,j 和 k 方向的位移，叶片受外荷载后发生弹性变形。图 2-6 为变形前后的坐标系。

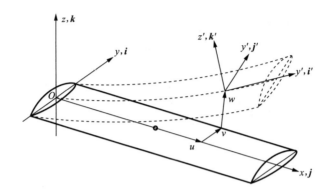

图 2-5 叶片弹性变形

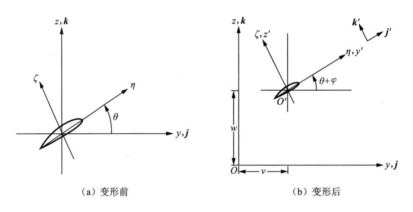

（a）变形前　　　　　　　　　（b）变形后

图 2-6 变形前后的参考截面

定义变形后坐标系 $R':O'x'y'z'$ 的基矢量为 $[i'\ j'\ k']^T$，如图 2-6 所示。根据伯努利梁假设，i 与参考轴线的切线方向平行，参考截面 $O'y'z'$ 与参考轴线垂直。定义 j 与变形后的弦线平行，k 在参考截面内且垂直于 j'，$k'Oj'$ 为相应的截面坐标。参考截面相对于桨根参考截面 Oyz 绕 i 轴旋转了 $\theta+\varphi$，得到变形后参考截面，θ 为叶片扭角，φ 是由外力引起的叶片扭角。

令 T 为变形后坐标系到叶根坐标系之间的转换矩阵：

$$\begin{bmatrix} i' \\ j' \\ k' \end{bmatrix} = T \begin{bmatrix} i \\ j \\ k \end{bmatrix} \tag{2-29}$$

则叶片变形后参考截面上任意点 p 的位置矢量可表示为：

$$r_1 = \begin{bmatrix} i & j & k \end{bmatrix} \left[\begin{bmatrix} x+u \\ v \\ w \end{bmatrix} + T^T \begin{bmatrix} 0 \\ \eta \\ \zeta \end{bmatrix} \right] \tag{2-30}$$

假设参考截面为刚性薄片,根据达朗伯-欧拉定理,转换矩阵 $\boldsymbol{T}$ 可由 3 个独立的欧拉参数表示。按图 2-7 所示的 3 个角度 $\bar{\zeta}$,$\bar{\beta}$ 和 $\bar{\theta}$ 的顺序分解为三次转动。

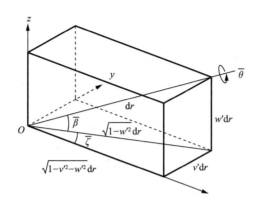

图 2-7　欧拉坐标转换过程

将 $\bar{\zeta}$,$\bar{\beta}$ 和 $\bar{\theta}$ 用变形量 u,v,w 和 φ 来表示,得 $\boldsymbol{T}$ 的表达式为:

$$\boldsymbol{T}=\begin{pmatrix} 1-\dfrac{1}{2}v'^2-\dfrac{1}{2}w'^2 & v' & w' \\ -w'\sin(\theta+\varphi)-v'\cos(\theta+\varphi) & \cos(\theta+\varphi) & \sin(\theta+\varphi) \\ -w'\cos(\theta+\varphi)-v'\sin(\theta+\varphi) & -\sin(\theta+\varphi)-v'w'\cos(\theta+\varphi) & \cos(\theta+\varphi) \end{pmatrix}$$

$$\text{(2-31)}$$

据此,建立由只与轴向坐标 x 有关的变形量 u,v,w 和 φ 来描述的弹性位移场。

2) 叶片应变-位移

已知叶片运动的位移场,可以进一步推导应变-位移方程[126]。由弹性力学的相关知识可知,Green 应变张量定义为:

$$\mathrm{d}\bar{r}_1\mathrm{d}\bar{r}_1-\mathrm{d}\,\bar{r}_0\cdot\mathrm{d}\,\bar{r}_0=2[\mathrm{d}x \quad \mathrm{d}\eta \quad \mathrm{d}\zeta][\varepsilon_{ij}]\begin{bmatrix} \mathrm{d}x \\ \mathrm{d}\eta \\ \mathrm{d}\zeta \end{bmatrix} \tag{2-32}$$

变形后叶片上任意质点 p 的位置矢量 $\boldsymbol{r}_1$ 的表达式已经给出,令变形量 u,v,w 和 φ 为零,可以得到变形前 p 点的位置矢量:

$$\bar{r}_0=\begin{bmatrix} \boldsymbol{i} & \boldsymbol{j} & \boldsymbol{k} \end{bmatrix}\left(\begin{bmatrix} x \\ 0 \\ 0 \end{bmatrix}+\boldsymbol{T}^{\mathrm{T}}\big|_{u=v=w=\varphi=0}\begin{bmatrix} 0 \\ \eta \\ \zeta \end{bmatrix}\right)=\begin{bmatrix} \boldsymbol{i} & \boldsymbol{j} & \boldsymbol{k} \end{bmatrix}\begin{pmatrix} x \\ \eta\cos\theta-\zeta\sin\theta \\ \eta\sin\theta+\zeta\cos\theta \end{pmatrix} \tag{2-33}$$

则变形前的微元为:

$$\mathrm{d}\bar{r}_0=\begin{bmatrix} \boldsymbol{i} & \boldsymbol{j} & \boldsymbol{k} \end{bmatrix}\begin{pmatrix} \mathrm{d}x \\ \mathrm{d}x(-\eta\sin\theta-\zeta\cos\theta)\theta'+\mathrm{d}\eta\cos\theta-\mathrm{d}\zeta\sin\theta \\ \mathrm{d}x(\eta\cos\theta-\zeta\sin\theta)\theta'+\mathrm{d}\eta\sin\theta+\mathrm{d}\zeta\cos\theta \end{pmatrix} \tag{2-34}$$

变形后的微元为：

$$\mathrm{d}\bar{r}_1 = \begin{bmatrix} i' & j' & k' \end{bmatrix} \left[\begin{bmatrix} 1+u' \\ v' \\ w' \end{bmatrix} \boldsymbol{T}\mathrm{d}x + \boldsymbol{T}(\boldsymbol{T}^{\mathrm{T}})' \begin{bmatrix} 0 \\ \eta \\ \zeta \end{bmatrix} \mathrm{d}x + \begin{bmatrix} 0 \\ \mathrm{d}\eta \\ \mathrm{d}\zeta \end{bmatrix} \right] \qquad (2\text{-}35)$$

将式(2-34)、式(2-35)代入式(2-32)给出的 Green 应变定义，可以得到精确到二阶的应变表达式：

$$\varepsilon_{11} = u' + \frac{1}{2}(v'^2 + w'^2) + v''[\zeta\sin(\theta+\varphi) - \eta\cos(\theta+\varphi)] + (\eta^2+\zeta^2)\left(\theta'\varphi' + \frac{\varphi'^2}{2}\right)$$

$$(2\text{-}36)$$

$$\varepsilon_{12} = -\frac{1}{2}\varphi'\zeta \qquad (2\text{-}37)$$

$$\varepsilon_{13} = \frac{1}{2}\varphi'\eta \qquad (2\text{-}38)$$

$$\varepsilon_{21} = \varepsilon_{12} \qquad (2\text{-}39)$$

$$\varepsilon_{31} = \varepsilon_{13} \qquad (2\text{-}40)$$

式中　$\varepsilon_{11}, \varepsilon_{12}, \varepsilon_{13}, \varepsilon_{21}, \varepsilon_{31}$——应变分量。

3）叶片应力及应变能

得到叶片应变表达式后，进一步推导应变所对应的应力及叶片的应变能 U[126]：

$$\int_{t_1}^{t_2} [\delta(U-T) - \delta W]\mathrm{d}t = 0 \qquad (2\text{-}41)$$

式中　t_1, t_2——时间；
　　　U——应变能；
　　　T——动能；
　　　W——外力功。

其中，δU 是应变能 U 的变分，即

$$\delta U = \int_{R_0}^{R} \iint_A (\sigma_{11}\varepsilon_{11} + 2\sigma_{12}\varepsilon_{12} + 2\sigma_{13}\varepsilon_{13})\sqrt{g}\,\mathrm{d}\eta\mathrm{d}\zeta\mathrm{d}x \qquad (2\text{-}42)$$

式中　R, R_0——叶片的半径和叶轮的中心；
　　　A——叶片扫过的面积；
　　　$\sigma_{11}, \sigma_{12}, \sigma_{13}$——应力分量；
　　　g——基矢量。

式(2-42)中使用了应力和应变的对称性。

$$\boldsymbol{g} = |\boldsymbol{g}_{\lambda\mu}| = \begin{vmatrix} g_{11} & g_{12} & g_{13} \\ g_{21} & g_{22} & g_{23} \\ g_{31} & g_{32} & g_{33} \end{vmatrix} \qquad (2\text{-}43)$$

$$\boldsymbol{g}_{\lambda\mu} = \boldsymbol{g}_{\lambda} \cdot \boldsymbol{g}_{\mu}$$

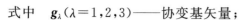

式中　$g_\lambda (\lambda = 1, 2, 3)$——协变基矢量；

g_u——逆变基矢量；

$g_{\lambda u}$——协变张量。

x, η, ξ 定义的质点相对于 O 点的矢径可以表示为：

$$\bar{r}_0 = (\boldsymbol{i}_x \quad \boldsymbol{j}_\eta \quad \boldsymbol{k}_\xi)\begin{Bmatrix} x \\ \eta \\ \zeta \end{Bmatrix} = (\boldsymbol{i} \quad \boldsymbol{j} \quad \boldsymbol{k})\begin{Bmatrix} x \\ \eta\cos\theta - \zeta\sin\theta \\ \eta\sin\theta + \zeta\cos\theta \end{Bmatrix} \tag{2-44}$$

$$\boldsymbol{g}_1 = (\boldsymbol{i} \quad \boldsymbol{j} \quad \boldsymbol{k})\begin{Bmatrix} 1 \\ -\eta\theta'\sin\theta - \zeta\theta'\cos\theta \\ \eta\theta'\cos\theta - \zeta\theta'\sin\theta \end{Bmatrix} \tag{2-45}$$

$$\boldsymbol{g}_2 = (\boldsymbol{i} \quad \boldsymbol{j} \quad \boldsymbol{k})\begin{Bmatrix} 0 \\ \cos\theta \\ \sin\theta \end{Bmatrix} \tag{2-46}$$

$$\boldsymbol{g}_3 = (\boldsymbol{i} \quad \boldsymbol{j} \quad \boldsymbol{k})\begin{Bmatrix} 0 \\ -\sin\theta \\ \cos\theta \end{Bmatrix} \tag{2-47}$$

协变张量 $\boldsymbol{g}_{\lambda u}$：

$$\boldsymbol{g}_{\lambda u} = \begin{bmatrix} 1 + \theta'^2(\eta^2 + \zeta^2) & -\zeta\theta' & \eta\theta' \\ -\zeta\theta' & 1 & 0 \\ \eta\theta' & 0 & 1 \end{bmatrix} \tag{2-48}$$

协变张量不是单位矩阵，即坐标 (x, η, ξ) 对应的基矢量不正交。相应的逆变张量为：

$$\boldsymbol{g}^{\lambda u} = \begin{bmatrix} 1 & \zeta\theta' & -\eta\theta' \\ -\zeta\theta' & 1 + \zeta^2\theta'^2 & -\zeta\theta'^2 \\ -\eta\theta' & -\eta\theta'^2 & 1 + \eta^2\theta'^2 \end{bmatrix} \tag{2-49}$$

$$\boldsymbol{g} = |\boldsymbol{g}^{\lambda u}| = 1 \tag{2-50}$$

此时 δU 可以写成：

$$\delta U = \int_{R_o}^{R}\iint_A (\sigma_{11}\varepsilon_{11} + 2\sigma_{12}\varepsilon_{12} + 2\sigma_{13}\varepsilon_{13})\mathrm{d}\eta\mathrm{d}\zeta\mathrm{d}x \tag{2-51}$$

应力的表达式为：

$$\sigma_{11} = C^{11\alpha\beta}\varepsilon_{\alpha\beta} = C^{1111}\varepsilon_{11} + C^{1112}\varepsilon_{12} + C^{1113}\varepsilon_{13} + C^{1121}\varepsilon_{21} + C^{1131}\varepsilon_{31} \tag{2-52}$$

$$\sigma_{12} = C^{12\alpha\beta}\varepsilon_{\alpha\beta} = C^{1211}\varepsilon_{11} + C^{1212}\varepsilon_{12} + C^{1213}\varepsilon_{13} + C^{1221}\varepsilon_{21} + C^{1231}\varepsilon_{31} \tag{2-53}$$

$$\sigma_{13} = C^{13\alpha\beta}\varepsilon_{\alpha\beta} = C^{1311}\varepsilon_{11} + C^{1312}\varepsilon_{12} + C^{1313}\varepsilon_{13} + C^{1321}\varepsilon_{21} + C^{1331}\varepsilon_{31} \tag{2-54}$$

式中　C——阻尼。

2.2.5　固有特性

根据叶片气弹动力学模型，推导叶片在时变荷载作用下的多自由度运动方程[126]：

$$M\{\ddot{q}(t)\}+C\{\dot{q}(t)\}+K\{q(t)\}=P(t) \tag{2-55}$$

式中，M 为系统的通质量阵，C 为阻尼阵，K 为刚度阵，$P(t)$ 为作用在叶片上的时变荷载，$\{q\}$ 为描述系统运动的广义坐标。若 $P(t)=0$，则叶片处于自由振动状态，有：

$$M\{\ddot{q}(t)\}+K\{q(t)\}=0 \tag{2-56}$$

方程的形式可以假设为：

$$\{q\}=\{\varphi\}\sin\omega(t-t_0) \tag{2-57}$$

式中 $\{\varphi\}$——n 阶向量；

ω——向量 $\{\varphi\}$ 振动的频率；

t——时间变量；

t_0——初始时间常数。

根据公式的变化，得到广义特征值问题：

$$M\{\ddot{q}(t)\}+C\{\dot{q}(t)\}+K\{q(t)\}=P(t) \tag{2-58}$$

$$K\{\varphi\}-\omega^2 M\{\varphi\}=0 \tag{2-59}$$

据此，得到 n 个特征解 $(\omega_{12},\varphi_1),(\omega_{22},\varphi_2),\cdots,(\omega_{n2},\varphi_n)$，其中 φ_n 代表系统的 n 个固有振型。对振型进行正则化处理：

$$\{\varphi_i\}^T M\{\varphi_i\}=1 \quad (i=1,2,\cdots,n) \tag{2-60}$$

这样处理后的固有振型即为正则振型。

对于自由度较低的系统，求解广义特征值问题时，可化为矩阵标准特征值问题：

$$A\{\varphi\}-\omega^2\{\varphi\}=0 \tag{2-61}$$

$$A=M^{-1}K \tag{2-62}$$

低阶固有特性至关重要，实际工程计算中只关心低阶固有频率及振型。

2.3 风力机叶片裂纹扩展机理

2.3.1 扩展有限元法

材料的断裂与裂纹扩展存在直接的关系，裂纹尖端小区域内应力场的变化会造成材料微观结构的变化。有限元法(FEM)是工程计算中常用的一类分析方法，过去人们尝试利用有限元法来解决裂纹扩展和材料断裂问题，但三维裂纹的扩展是不连续的，在利用有限元法处理该问题时，需要对裂纹单元进行极为复杂的设置，同时由于裂纹尖端处存在奇异场，需要在裂纹扩展时不断地进行网格划分，计算量十分巨大[127]。为克服这些问题，专家学者们不断研究新的方法。

1999 年，美国学者 Mose 等首先提出利用扩展有限元分析方法(XFEM)来解决不连续问题[128]。相对于 FEM，XFEM 在有限元位移函数中加入了跳跃函数及裂尖增强函数，可以改进单元的形函数，使得裂纹的实际位置能够被精确捕捉，且裂纹的扩展路径可以通过数值计算得到。同时,XFEM 在划分单元时不考虑结构内部的物理特性,因此可以忽略三维裂纹扩展的不连续性和奇异性,且模拟裂纹扩展的过程中不需要重新划分网格[129],这样就极大地减少了计算量。XFEM 的这些优点使其得到快速发展,越来越多的实际工程问题可以用 XFEM 进行解决。

2.3.2　裂纹的基本类型

在断裂力学[130]中,裂纹按照受力的不同分为 3 种基本类型,分别为Ⅰ型裂纹(Modal Ⅰ)、Ⅱ型裂纹(Modal Ⅱ)和Ⅲ型裂纹(Modal Ⅲ)。如图 2-8 所示,Ⅰ型裂纹受到垂直于裂纹方向的拉应力作用,称为张开型裂纹(opening modal);Ⅱ型裂纹受到平行于 x 轴的剪应力作用,称为滑开型裂纹(sliding modal);Ⅲ型裂纹受到平行于 y 轴的剪应力作用,称为撕开型裂纹(tearing modal),其裂纹扩展方向与裂纹边缘平齐。

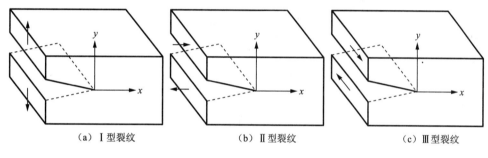

（a）Ⅰ型裂纹　　　　　（b）Ⅱ型裂纹　　　　　（c）Ⅲ型裂纹

图 2-8　裂纹类型图

在实际工程中,裂纹并不是上述 3 种类型中的某一种,而往往是 2 种或者 3 种裂纹类型的复杂组合类型。其复杂性来源于结构受荷载的交变特性,以及结构本身几何形状的不对称性。Ⅰ型裂纹在实际工程裂纹中最为常见,大多数裂纹的扩展都可以看成近似Ⅰ型裂纹的扩展,同时Ⅰ型裂纹的危险程度也最高[131]。

2.3.3　XFEM 动态运动方程

基于单位分解法(PUM),扩展有限元法可以将裂纹扩展引入传统有限元中[132]。如图 2-9 所示,对于有限元网格中的任意裂纹,为了实现其扩展的数值计算分析,需要在裂纹面和裂纹尖端附近的单元上附加自由度,同时引入渐进函数和间断函数作为扩充[133]。

渐进函数用来模拟裂纹尖端附近的应力奇异性,间断函数用来表示裂纹面处位移的跳跃[134]。对于任意一条裂纹,其表面任意一点的位移插值函数 $u^h(x)$ 可按下式[135]表述:

$$u^h(x) = \sum_{I \in K} N_I(x) \left[u_I + \underbrace{H(x)a_I}_{I \in K_r} + \underbrace{\sum_{\alpha=1}^{4} \psi_\alpha(x)b_I^\alpha}_{I \in K_A} \right] \tag{2-63}$$

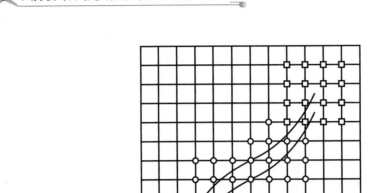

图 2-9　XFEM 扩充单元

式中　I——单元节点；

　　　$N_I(x)$——节点的位移形函数；

　　　u_I——节点的常规自由度；

　　　$H(x)$——广义 Heaviside(强不连续)函数；

　　　K——单元内全部点的集合；

　　　K_r——被裂纹面切割的全部点的集合；

　　　K_Δ——裂尖所在单元内点的集合；

　　　a_I——与 Heaviside 函数相关的节点自由度；

　　　b_I^α——与裂尖渐进函数相关的节点自由度；

　　　$\psi_a(x)$——裂尖渐进函数。

需要注意的是，一个节点不能同时属于 K_r 和 K_Δ 两个集合，当存在冲突时，节点应优先属于集合 $K_\Delta^{[136]}$。

对于裂纹表面节点，可以引入 $H(x)$ 函数来表述，具体如下：

$$H(x)=\begin{cases} 1 & (x-x^*)\boldsymbol{e}_n\geqslant 0 \\ -1 & (x-x^*)\boldsymbol{e}_n<0 \end{cases} \tag{2-64}$$

式中　x——取样点；

　　　x^*——裂纹上距离 x 最近的点；

　　　$\boldsymbol{e}_n$——裂纹在 x^* 处的单位外法线向量。

也就是说，裂纹上方的 $H(x)$ 取 1，裂纹下方的 $H(x)$ 取 -1。

对于单一材料，式(2-63)中的 $\psi_a(x)$ 需要改写为[137]：

$$\psi_a(x)=\left[\sqrt{r}\sin\frac{\theta}{2},\ \sqrt{r}\cos\frac{\theta}{2},\ \sqrt{r}\sin\sin\frac{\theta}{2},\ \sqrt{r}\sin\cos\frac{\theta}{2}\right] \tag{2-65}$$

式中　　(r, θ)——裂尖的极坐标。

上述公式考虑了裂纹扩展时的不连续性。

裂尖渐进函数式(2-63)不仅可以用于刻画一种材料的开裂,也可以用于刻画多种不同材料界面间的开裂。

2.4　数值模拟基础

2.4.1　流固耦合理论

所谓流固耦合(fluid-structure interaction)分析,是将流体力学分析和固体力学分析交叉结合的一类分析方法。其核心内容是研究流场带来的荷载变化对固体行为的影响,以及固体变形对流体运动的反作用。近年来,随着计算仿真技术的进步,流固耦合分析在各大商用软件中均得到了广泛的应用。在风力机气动特性的研究领域,流固耦合分析也成为一种重要的分析手段。

就求解过程而言,流固耦合分析既涉及对流场部分的求解,又涉及对固体结构部分的求解。也就是说,流固耦合分析的控制方程同时包含流体力学控制方程和固体控制方程两部分。下面将具体阐述流固耦合分析的控制方程。

1) 流体力学控制方程

在流场中,连续流体介质的运动遵循基本的物理守恒定律,即质量、动量和能量守恒定律。在固定参考坐标系下,可以按以下方程[138]来表述运动流体的质量和动量守恒:

$$\frac{\partial \rho_f}{\partial t} + \nabla \cdot (\rho_f \boldsymbol{v}) = 0 \qquad (2\text{-}66)$$

$$\frac{\partial \rho_f \boldsymbol{v}}{\partial t} + \nabla \cdot (\rho_f \boldsymbol{v}\boldsymbol{v} - \boldsymbol{\tau}) = \boldsymbol{f}_f^B \qquad (2\text{-}67)$$

式中　　ρ_f——流体密度;

$\boldsymbol{v}$——速度向量;

$\boldsymbol{\tau}$——应力张量;

$\boldsymbol{f}_f^B$——流体介质的体积力矢量。

在旋转参考坐标系下,式(2-66)和式(2-67)可改写为:

$$\frac{\partial \rho_f}{\partial t} + \nabla \cdot (\rho_f v_r) = 0 \qquad (2\text{-}68)$$

$$\frac{\partial \rho_f \boldsymbol{v}}{\partial t} + \nabla \cdot (\rho_f v_r v_r - \boldsymbol{\tau}) = \boldsymbol{f}_f^B + \boldsymbol{f}_f^C \qquad (2\text{-}69)$$

式中　　v_r——相对速度;

$\boldsymbol{f}_f^C$——附加力矢量。

考虑到流体与固体之间的能量传递，流体的能量控制方程为：

$$\frac{\partial(\rho_f h)}{\partial t}-\frac{\partial p}{\partial t}+\nabla\cdot(\rho_f vh)=\nabla\cdot(\lambda\nabla t)+\nabla\cdot(v\tau)+v\rho_f(\boldsymbol{f}_f^B+\boldsymbol{f}_f^C)+S_e \quad (2\text{-}70)$$

式中　h——总焓；

　　　p——流体压力；

　　　λ——导热系数；

　　　S_e——能量源项。

2）固体控制方程

根据牛顿第二定律，可写出系统中固体部分的守恒方程：

$$\rho_s\ddot{\boldsymbol{d}}_s=\boldsymbol{\sigma}_s\nabla+\boldsymbol{f}_s \quad (2\text{-}71)$$

式中　ρ_s——固体密度；

　　　$\ddot{\boldsymbol{d}}_s$——固体域当地加速度矢量；

　　　$\boldsymbol{\sigma}_s$——柯西应力张量；

　　　$\boldsymbol{f}_s$——体积力矢量。

3）流固耦合方程

流体和固体在耦合交界面处遵循基本的守恒定律，如应力 τ、位移 d、热流量 q 和温度 T 等变量参数应相等，可以用如下方程来表示[139]：

$$\begin{cases}\tau_f n_f=\tau_s n_s\\ d_f=d_s\\ q_f=q_s\\ T_f=T_s\end{cases} \quad (2\text{-}72)$$

式中　n_f,n_s——流体和固体的流动指数；

　　　下标 f，s——流体和固体。

为了分析和建立基本控制方程的一般形式，可以对流固耦合控制方程进行积分，然后给定各参数的值，并赋予初始条件和边界条件，最后求出统一解。

2.4.2　滑移网格理论

滑移网格（sliding mesh）法是研究运动物体行为的一种常用方法，在风力机气动研究领域，常用滑移网格法来描述固体和流场的相对运动。如图 2-10 所示，流动区域被分成两部分，通过使两部分块网格做相对滑移运动来模拟真实的流场运动[140]。

由图 2-10 可知，单元 1，2，3 和单元 4，5，6 分属不同的子区域。在计算过程中，单元之间相互切割形成了共同的交界面 abcdefg，并沿着交界面做相对滑动。例如，单元 1 通过面 bc 将信息传递给单元 4，单元 2 通过面 cd 和面 de 将信息传递给单元 4 和单元

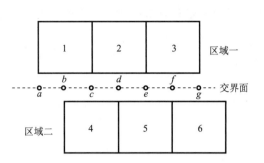

图 2-10　滑移网格原理图

5,其他单元也按照此方法进行信息交换。

假设存在一具有运动边界的控制体 V,其守恒方程可写成如下形式[141]:

$$\frac{\mathrm{d}}{\mathrm{d}t}\int_V \rho\varphi\,\mathrm{d}V + \int_{\partial V} \rho\varphi(\boldsymbol{u}-\boldsymbol{u}_\mathrm{g})\,\mathrm{d}A = \int_{\partial V} \Gamma\,\nabla\varphi\,\mathrm{d}A + \int_V s_\varphi\,\mathrm{d}V \tag{2-73}$$

式中　ρ——流体密度;

　　　　φ——控制体的广义标量;

　　　　$\boldsymbol{u},\boldsymbol{u}_\mathrm{g}$——流体和运动网格的速度矢量;

　　　　Γ——扩散系数;

　　　　s_φ——控制源项。

对式(2-73)中的时间导数项进行一阶向后差分,n 和 $n+1$ 分别表示当前时间及下一层时间,则式(2-73)可写成:

$$\frac{\mathrm{d}}{\mathrm{d}t}\int_V \rho\varphi\,\mathrm{d}V = \frac{(\rho\varphi V)^{n+1}-(\rho\varphi V)^n}{\Delta t} \tag{2-74}$$

式中,第 $n+1$ 时间层上体积 V^{n+1} 可通过下式计算:

$$V^{n+1}=V^n+\frac{\mathrm{d}V}{\mathrm{d}t}\Delta t \tag{2-75}$$

式中　$\dfrac{\mathrm{d}V}{\mathrm{d}t}$——控制体体积对时间的导数。

为满足网格守恒定律,控制体体积对时间的导数可用下式表示:

$$\frac{\mathrm{d}V}{\mathrm{d}t}=\int_{\partial V}\boldsymbol{u}_\mathrm{g}\,\mathrm{d}A = \sum_{j=1}^{n_i}\boldsymbol{u}_{\mathrm{g}j}\cdot\boldsymbol{A}_j \tag{2-76}$$

式中　n_f——控制面数量;

　　　　$\boldsymbol{A}_j$——面 j 的表面积矢量;

　　　　$\boldsymbol{u}_{\mathrm{g}j}\cdot\boldsymbol{A}_j$——第 j 控制容积面 j 上的点积,可用下式表示:

$$\boldsymbol{u}_{\mathrm{g}j}\cdot\boldsymbol{A}_j=\frac{\delta V_j}{\Delta t} \tag{2-77}$$

式中　δV_j——整个时间步 Δt 上控制容积面 j 膨胀引起的体积改变量。

在滑移网格问题中，动区域运动是相对于静止参考系进行跟踪的，因此滑移网格中没有运动参考系附着在计算域上，这样简化了穿过分界面的通量传递。由于滑移网格中控制体依旧保持恒定，因此式（2-75）中，$dV/dt=0$，$V^{n+1}=V^n$，式（2-74）可以改写为：

$$\frac{d}{dt}\int_V \rho\varphi dV = \frac{\left[(\rho\varphi)^{n+1}-(\rho\varphi)^n\right]V^n}{\Delta t} \tag{2-78}$$

2.4.3 湍流模型理论

选用 SST（shear stress transfer，剪切应力传输模型）k-ω 湍流模型，该模型对分离流动的预测精度较高，符合研究要求。

SST k-ω 湍流模型由其他多个模型推导衍生而来。运用 Standard k-ω 模型与 k-ε 模型结合为 Baseline（BSL）k-ω 模型，该模型兼具 Standard k-ω 模型与 k-ω 模型的优点。由于 BSL k-ω 模型对逆压梯度处理有一定局限，而 j-k 模型对逆压梯度处理精确度较高，因此又加入 j-k 模型。因此，将 BSL k-ω 模型与 j-k 模型结合，得到 SST k-ω 湍流模型[142]。该模型方程为：

$$\frac{\partial(\rho k)}{\partial t}+\frac{\partial(\rho U_i k)}{\partial x_i}=\boldsymbol{p}_k-\beta^*\rho k\omega+\frac{\partial}{\partial x_i}\left[(\mu+\sigma_k\mu_t)\frac{\partial k}{\partial x_i}\right] \tag{2-79}$$

$$\frac{\partial(\rho\omega)}{\partial t}+\frac{\partial(\rho U_i\omega)}{\partial x_i}=\alpha^*\rho S^2-\beta^*\rho k\omega+\frac{\partial}{\partial x_i}\left[(\mu+\sigma_w\mu_t)\frac{\partial\omega}{\partial x_i}\right]+2(1-F_1)\rho\sigma_w\frac{1}{\omega}\frac{\partial k}{\partial x_i}\frac{\partial\omega}{\partial x_i}$$

$$\tag{2-80}$$

式中　下标 i,j,k——x 轴正方向、y 轴正方向、z 轴正方向；

ρ——空气密度；

k——湍动能；

ω——比耗散率；

μ_t——湍流黏性系数；

$\boldsymbol{p}_k$——压强；

μ——分子黏性系数；

S——平均应变率的张量模量；

$\sigma_k,\sigma_w,\alpha^*,\beta^*$——湍流模型中的系数；

F_1——混合函数。

2.5　本章小结

本章介绍了研究中所涉及的基础理论知识，并对相关理论进行了阐述。理论部分包括风力机基本理论（贝茨理论、涡流理论及叶素理论）、风力机叶片气弹响应理论(叶片荷载、叶片动态特性、叶片动响应、叶片气弹耦合参数、叶片固有特性等),同时涵盖了与裂纹扩展相关的理论,如风力机叶片裂纹扩展机理(扩展有限元法和 XFEM 动态运动方程等);数值模拟理论包括流固耦合理论、滑移网格理论和湍流模型理论。

　　本章的理论基础相互交叉,能够准确地反映叶片在变风工况下的受力及变形特性,以及叶片出现裂纹后的应力规律。同时,通过公式推导及计算,能够较为准确地求得符合实际情况的风力机叶片动态响应及裂纹扩展机理,为后续研究提供了基础理论支撑。

第3章

基于风电场环境的风力机叶片建模

叶片是风力发电机组的核心组件,其气动性能的好坏直接决定着整个机组的发电效率。叶片在风力发电机组中的作用是实现能量转换,通过叶片的转动捕获风能并转换为机械能,再经由发电机将机械能转换为电能。

叶片的结构稳定性决定了风力机的可靠性。叶片结构易受外界荷载的冲击,产生弹性变形及无规律振动。强风作用下的叶片损伤现象比比皆是,甚至造成破坏。在风力机的实际运行过程中,叶片长期承受复杂的交变荷载,使应力在叶片表面积累,进而在叶片表面造成不同程度的裂纹损伤。叶片表面的裂纹会使叶片的刚度降低,影响叶片的气动性能,进而降低风力机的发电效率。

因此,利用在叶片三维模型表面制造裂纹的方法,研究含裂纹损伤叶片动态特性的变化规律,并研究裂纹损伤对叶片结构安全性造成的影响。同时,利用数值模拟方法研究大型风力机叶片的动态特性,可以有效弥补实验条件的限制,从理论角度为实际工程提供参考依据。

对风力机叶片进行动态响应分析的前提是建立叶片有限元模型。本章将详细介绍基于 Solidworks 三维建模软件的风力机叶片的参数化三维建模方法,并基于 ANSYS Workbench 有限元分析软件平台的 ACP(ANSYS composite prep-post 模块)对风力机叶片壳体进行铺层设计。通过分别对不含裂纹损伤及含裂纹损伤的风力机叶片进行参数化建模,为后续的流固耦合计算提供可靠的计算模型。

3.1 风电场介绍

3.1.1 风电场环境

依据的风电场实测数据来源于内蒙古自治区某风电场 49.5 MW 工程,该风电场位于内蒙古乌兰察布市化德县境内,距离化德县西南方向约 20 km。场区内地形为低山丘陵、缓坡丘陵,场内建筑物及树木稀少。风电场有效占地面积约为 11 km²。

通过测算,该风电场 70 m 高的测风塔所测得的年平均风速为 8.3 m/s,年平均风功率密度为 538.3 W/m²,50 年一遇最大风速为 39.4 m/s。风功率密度等级属于 4 级,其年有效风速小时数达 8 024 h(3～25 m/s),盛行 180°～315°(S—NW)风,风向稳定。

化德县地处乌兰察布市北部,中温带半干旱大陆性季风气候,春季少雨多风,夏季炎热而短促,秋季降雨量较集中,冬季雪大严寒而漫长,寒暑变化剧烈。

受强大的蒙古冷高压长时间控制,该风电场所在地区已成为冷空气南下的主要通道。该地区地势由西向东逐渐增高,常年盛行西风,气流通过时具有增速效应,使得该地区常年有风,冬春最盛,风能资源十分丰富,适合建立大规模风电场。

该工程采用的风机型号均为 WGTS1500A,共 132 台风机,第四期总容量为 200 MW,每期发电规模为 33×1.5 MW。研究所依据的气象参数来自化德县气象站实测数据。该气象站距离风电场的直线距离仅 20 km,与风电场具有相似的地形条件,同期测风结果相关性好,测试结果可靠。风电场位置如图 3-1 所示。

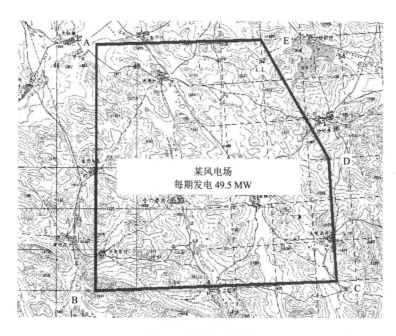

图 3-1　风电场示意图

通过实际测算,该风电场测风塔 70 m 和 10 m 高度处,年平均风速分别为 8.3 m/s 和 6.9 m/s,年平均风功率密度分别为 538.3 W/m² 和 344.9 W/m²,风能资源属风功率密度等级 4 级。70 m 高度处代表年风向及风能集中在 180°～315°(S—NW)之间,占总风能的 90%;10 m 高度处代表年风向及风能集中在 202.5°～315°(SSW—NW)之间,占总风能的 85%。该地区风向稳定,其测试结果具有较高的参考价值。

3.1.2　强风定义

文献[143]中提到,定义大于 17 m/s 的风速为强风;文献[144]中提到,国家气象观测业务规定,瞬时风速达到或超过 17 m/s(或目测估计风力达到或超过 8 级)的风为大风;文献[145]中提到,60 m 高度处 10 min 内的平均风速达到 9 级($v>20.8$ m/s)及以上级别的风速称为强风风速。在气象学中,强风是指风力达到蒲福氏风级 6 级至 7 级,即 11~17 m/s 的风力。

结合文献并基于气象参数,选取 19 m/s 风速为强风风速,将其作为研究对象。下面基于流固耦合理论,利用数值模拟的研究方法,计算叶片在强风及风切变作用下的动态响应。

3.2　叶片有限元模型建立

3.2.1　无损叶片模型

研究对象选用的是内蒙古自治区某风力发电场所使用的 1.5 MW 大型水平轴风力机,具体风力机参数见表 3-1。

表 3-1　1.5 MW 风力机参数

翼　型	厂家提供	额定功率 P/MW	1.5
桨叶数量/N	3	额定转速 n/(r·min^{-1})	19.8
轮毂处高度 H/m	65	额定风速 v/(m·s^{-1})	12
轮毂直径 d/m	2	额定尖速比 λ	8.5
风轮直径 D/m	77	切入风速 v/(m·s^{-1})	3
风轮质量 m/t	30.1	切出风速 v/(m·s^{-1})	25

根据 25 个类型和弦长各不相同的翼型,构建了叶片的气动外形。其中,各翼型的展向长度、弦长、扭角及相对厚度参数汇总于表 3-2 中。叶片各截面的扭角及相对厚度如图 3-2 所示。

表 3-2　叶片气动外形参数

叶片展向长度/m	叶片弦长/m	扭角/(°)	相对厚度/%
0.0	1.890	10.00	100.00
1.5	1.934	10.82	96.69
3.0	2.243	13.03	77.22
4.5	2.595	14.82	61.03

叶片展向长度/m	叶片弦长/m	扭角/(°)	相对厚度/%
6.0	2.948	15.13	49.09
7.5	3.169	14.42	41.37
9.0	3.122	11.73	37.36
10.5	2.930	9.69	34.95
12.0	2.719	8.08	32.95
13.5	2.501	6.78	31.32
15.0	2.293	5.72	29.99
19.5	1.809	3.48	26.99
21.0	1.688	2.93	26.16
22.5	1.582	2.45	25.32
24.0	1.489	2.03	24.45
25.5	1.406	1.60	23.53
27.0	1.329	1.22	22.63
28.5	1.256	0.86	21.79
30.0	1.184	0.54	21.04
31.5	1.111	0.24	20.42
33.0	1.036	−0.04	19.90
34.5	0.961	−0.30	19.45
36.0	0.885	−0.54	19.04
37.5	0.720	−0.76	16.00

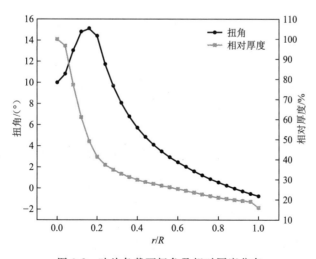

图 3-2　叶片各截面扭角及相对厚度分布

利用 Solidworks 三维建模软件,对 1.5 MW 大型水平轴风力机的风轮部分进行建模。对单支叶片建模完毕后,进行轮毂体的绘制。具体步骤为:

(1) 将叶片的 25 个截面翼型的数据分别导入 25 个 TXT 文档中,对 x,y 和 z 坐标进行数据处理,以获取各截面翼型数据点的三维坐标。将风电场提供的各截面数据参数依据等比例缩放原则,以各截面翼型的弦长为缩放依据,进行放缩处理。实际模型的建立过程中根据右手坐标系,风吹向 y 轴的负方向,因此结合实际情况,在数据处理中,将各截面翼型的安装角的中心放置于 z 轴上,y 轴坐标为截面高度,叶尖指向 z 轴的正方向。

(2) 在 Solidworks 三维建模软件中,建立相应截面高度的基准面,利用各个翼型截面的点坐标插入曲线,进行曲线的旋转实体操作;紧接着对每个基准面上的翼型按照安装角度和安装角中心进行旋转操作。1.5 MW 风力机叶片各截面翼型叶素图如图 3-3 所示。

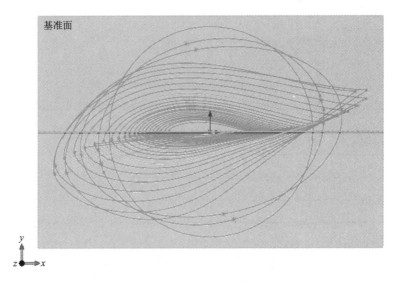

图 3-3　1.5 MW 风力机叶片各截面翼型叶素图

(3) 使用 Solidworks 三维建模软件中的放样功能,从叶根第 1 个翼型截面顺次连接第 2 个翼型、第 3 个翼型、第 4 个翼型……第 25 个翼型截面并进行放样操作,叶素及布置方式如图 3-4(a)所示。依次选取各翼型进行放样,且放样时需要选取各翼型的尾缘点作为放样点,以防出现放样错误和放样实体形状怪异等问题。如此即可出绘制叶片的三维模型,如图 3-4(b)和(c)所示。

(4) 在 Solidworks 三维建模软件中,对单支叶片进行旋转实体操作,建成 3 支间隔120°的风力机叶片;而后新建基准面,对轮毂部分按照实际尺寸建模。这样就建成了一个完整的 1.5 MW 水平轴风力机的风轮部分模型,如图 3-5 所示。

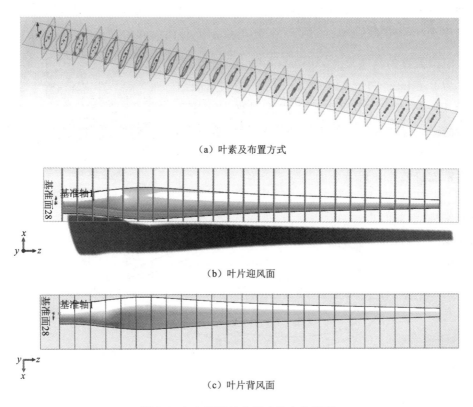

（a）叶素及布置方式

（b）叶片迎风面

（c）叶片背风面

图 3-4　1.5 MW 风力机叶片实体模型

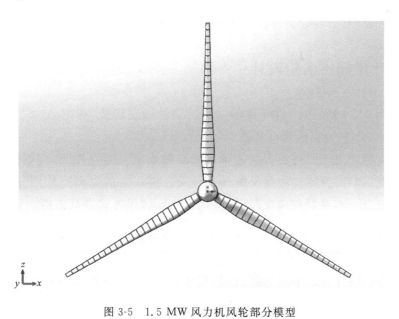

图 3-5　1.5 MW 风力机风轮部分模型

3.2.2 含裂纹叶片模型

为模拟裂纹的真实形态,利用 Solidworks 软件建立尺寸为 250 mm×5 mm×10 mm 的半椭圆形裂纹模型,如图 3-6 所示。为研究不同位置裂纹对叶片动态特性的影响(图 3-7),选取叶片迎风面,沿叶展方向,在无因次位置 $x/C=0.1$ 处和 $x/C=0.9$ 处设置裂纹,分别表示靠近前缘和后缘处的裂纹。

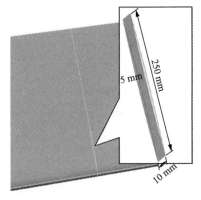

图 3-6 裂纹模型示意图

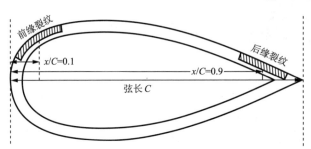

图 3-7 裂纹布置图

将风轮模型和裂纹模型同时导入 ANSYS Workbench 软件的 Geometry 模块,利用布尔运算命令剪切出含裂纹的风力机叶片模型。为保持 3 支叶片的气动特性一致,且不存在相互影响,要在 3 支叶片的相同位置上布置完全相同的裂纹。

3.3 叶片铺层结构设计

结合实际 1.5 MW 风力机叶片的结构特点及铺层构造,利用 ANSYS Workbench 有限元软件 ACP(Pre)模块对叶片进行铺层设计。

叶片蒙皮结构由不同排布方式的单层板堆叠而成。沿叶片展向,单层板数目和角度均不同。铺层后的整体效果是呈阶梯状分布。铺层之前先将叶片划分为 5 个区域,铺层方式参见表 3-3,参照相关文献[146]并结合实际铺层方式进行适当调整。

表 3-3 叶片不同区域的铺层方式

铺层方式	双轴向 ±45°	单轴向 0°	双轴向 0°/90°	总厚度 /mm	区 域
[±45°,0°,0°/90°]	4×0.9	84×0.9	4×0.9	82.8	Area 1
	4×0.9	64×0.9	4×0.9	64.4	Area 2
	4×0.9	42×0.9	4×0.9	46.0	Area 3

续表 3-3

铺层方式	双轴向 ±45°	单轴向 0°	双轴向 0°/90°	总厚度 /mm	区 域
[±45°,0°,0°/90°]	4×0.9	22×0.9	4×0.9	27.6	Area 4
	4×0.9	12×0.9	4×0.9	18.4	Area 5

对铺层进行简化。考虑到叶片展向尺寸远大于叶片截面弦长尺寸,并且每一单层厚度较小,仅为 0.9 mm。因此,假设叶片轴向铺层厚度在两个已知截面内呈线性分布,这样也是考虑方便后续结构分析时给材料赋值。

叶片铺层材料选用玻璃钢(FRP),材料密度 $\rho=2\,100$ kg/m³,叶片的线膨胀系数 $\alpha=4.8\times10^{-4}$℃$^{-1}$,叶片导热系数 $\lambda=1.0$ W/(m·K),其他参数见表 3-4。

表 3-4　叶片铺层材料参数

材 料	弹性模量/MPa			泊松比			剪切模量/MPa		
	E_{11}	E_{22}	E_{33}	ν_{12}	ν_{23}	ν_{13}	G_{12}	G_{23}	G_{13}
玻璃钢	39 000	8 600	8 600	0.28	0.47	0.28	3 800	2 930	3 800

根据表 3-4,在 Engineering Data 中添加新材料,并设定如下材料属性:材料密度(Density)、各向异性材料参数(Orthotropic Elasticity)以及铺层类型(Ply Type)等参数,其中铺层类型选择 Orthotropic Homogeneous Core,如图 3-8 所示。

进入 ACP(Pre)前处理模块界面后,在 ACP Materials Data 库中建 Fabric,材料选择自定义方式,设定材料厚度为 0.9 mm,如图 3-9 所示。叶片铺层所使用的的玻璃钢材料参数见表 3-4。

结合 1.5 MW 风力机叶片的构造,利用 ANSYS 软件的 ACP(Pre)模块,对 1.5 MW 风力机叶片进行铺层设计,将叶片铺层划分为 5 个区域。使用 Section Rules 功能,将每支叶片按照铺层方式建立 5 个截面切片,将单支叶片划分为 5 部分,分别为 Area 1,Area 2,Area 3,Area 4 和 Area 5。3 支叶片的 Parallel Selection Rule 分别按照(0,0,1),(1,0,−0.5)(−1,0,−0.5)3 个方向向量,在叶片铺层厚度变化位置将叶片分段,如图 3-10 所示。

由于叶片受剪力、弯矩、扭矩等作用,受力从叶根到叶尖依次递减,因此从材料铺层数量上来说,叶根材料铺层的层数大于叶中,叶中铺层的层数大于叶尖,沿叶片展长方向上铺层呈阶梯递减姿态。使用 Modeling Groups,以不同的铺层角度,对叶片不同区域和不同位置进行铺层堆积,完成叶片的铺层设计,如图 3-11 所示。

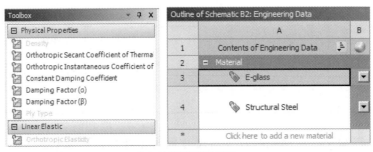

(a) 材料物理特性界面

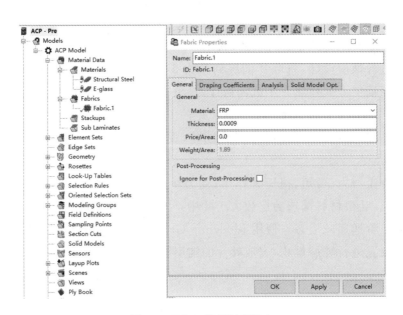

(b) 材料相关参数

图 3-8　材料参数设定

图 3-9　Fabric 单层厚度设定

图 3-10 铺层分段截面的建立

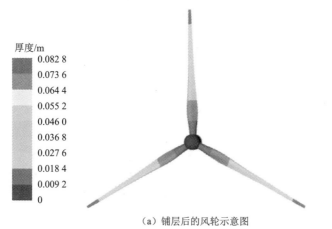

（a）铺层后的风轮示意图

（b）叶片铺层区域及厚度分布示意图

图 3-11 叶片铺层示意图

叶片受剪力、弯矩、扭矩作用,受力特点是从叶根到叶尖依次减小,因此铺层数量依次递减。Area 1～Area 5 的最大厚度分别为 82.8 mm,73.6 mm,46.0mm,27.0 mm 和 18.4 mm,叶片铺层的厚度从叶根至叶尖呈阶梯状分布的特点,符合风力机叶片壳体结构的实际构造形式。

3.4 本章小结

本章主要介绍了 1.5 MW 大型水平轴风力机叶片及风轮结构有限元模型的建立方法,以及含裂纹损伤 1.5 MW 水平轴风力机叶片的建模。为使叶片模型的结构尽可能与实际情况接近,本章根据文献及叶片铺层的实际情况,对风力机叶片蒙皮部分进行了铺层设计,为后面的数值模拟分析提供了可靠的模型。本章主要研究内容如下:

(1) 阐述了目标风电场的环境参数,并介绍了文献中所提到强风的概念。

(2) 依据叶素理论,利用 Solidworks 数字化三维建模软件,构建了 1.5 MW 大型水平轴风力机叶片不含损伤和含裂纹损伤的实体模型。该实体模型可用于后续铺层建立、CFD 计算、结构场叶片等效应力及变形等相关参数的计算。

(3) 根据实际情况,并结合相关文献,对风力机叶片进行了铺层设计,考虑风力机叶片蒙皮的铺层厚度、铺层区域等因素,利用 ACP 模块建立了带有铺层结构的 1.5 MW 大型水平轴风力机叶片模型,可用于后续流固耦合计算及模态分析等。

第4章

强风工况下叶片应力耦合性分析及失效研究

随着风力机设计趋向于大型化,叶片外形越来越细长,产生的气弹性问题也越来越显著。强风会引起风力机气动荷载的变化,变化的气动荷载和大柔度叶片结构之间的耦合作用会导致叶片变形,同时伴随着叶片的振动,叶片会出现应力集中现象。因此,应对风力机叶片进行流固耦合分析,以阐明叶片与风荷载相互作用的规律[78,79]。

为研究风力机叶片所承受的气动荷载与结构响应相互耦合作用而导致的气弹问题,本章针对服役末期 1.5 MW 水平轴风力机叶片运行时出现的失效现象,使用 UDF (User-Defined-Function)将所测量风电场的风速分布特征应用于 CFD(computational fluid dynamics)数值模拟中,并采用滑移网格技术及非稳态计算方法模拟叶片气动荷载分布,对强风工况下风力机叶片的气弹参数进行分析,探究叶片运行过程中的应力分布规律及失效区域;将数值模拟结果与观测实验相结合,界定叶片典型的失效区域,并根据风力机叶片各部位出现损伤的频次,分析损伤规律,确定叶片各区域的失效模式。

为探究风力机叶片在强风荷载下的应力分布规律及叶片受力后的损伤情况,基于 1.5 MW 水平轴风力机叶片,运用流固耦合的计算方法,采用商业软件 ANSYS Workbench(主要使用 Geometry,Mesh,ACP(Pre),Fluent,Modal,Transient Structural, Static Structural 和 Harmonic Response 等模块)进行强风工况下的风力机叶片流固耦合计算及模态分析。

计算时,首先分别通过 Fluent 模块和 Modal 模块进行 CFD 计算和模态计算,得到风力机叶片表面的气动荷载分布及叶片各阶固有频率,以验证模型的正确性。然后将风力机叶片表面所受到的气动荷载传递到 Transient Structural 模块中,并耦合叠加重力荷载和离心力荷载,进行强风工况下风力机叶片的变形及应力耦合性分析,找出叶片最易失效损伤的区域位置。结合在风力发电场中开展的无人机观测实验,对百余台服役末期的风力机叶片巡检拍照,将采集到的叶片损伤图像汇总分类。最后通过对应力导致的风力机叶片失效损伤图像进行甄别,将数值模拟得到的叶片应力集中区域与叶片实际损伤位置进行比对,实现数值模拟计算和实验结果的相互印证,满足工程应用需求。

4.1 计算模型设置

4.1.1 CFD 模型及边界条件

进行风力机叶片的流固耦合计算,需建立叶片周围流场范围内的 CFD 模型。计算域与风轮大小比例合适即可,模型过大或过小都会导致计算不准确[147]。

对所建立的计算域模型进行边界条件的设定。设定入口为 Velocity-Inlet,出口为 Pressure-Outlet,计算域壁面及风轮部分设定为无滑移壁面 Symmetry[148]。根据模型大小建立合适的长方体计算域,高 150 m,宽 150 m,长 300 m;构建与实际风轮 1∶1 的物理模型,轮毂中心距入口 65 m,距出口 235 m,距地面 65 m;旋转域中心与风轮中心重合,域直径为 82 m。计算域及网格划分情况如图 4-2 所示。

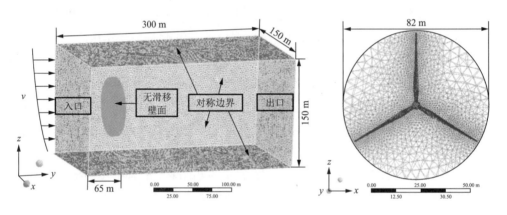

图 4-2 计算域及网格划分

利用 ANSYS Workbench 中的 Mesh 模块,对计算域进行网格划分。首先选择 Physics Preference 类型为 CFD,Solver Preference 类型为 Fluent,确保划分出的流体网格能够满足大部分 CFD 计算的网格品质。然后对计算域和旋转域分别采用不同的 Automatic Method 和 Mesh Sizing,并通过 Size Function 分别调整 Grouth Rates,Defeature Size,Min Size 及 Max Tet Size,以细化耦合面附近的网格,提高网格品质。

针对所使用的 1.5 MW 风力机流固耦合模型,由于计算域内叶片表面形状较为复杂且不规则,若采用 Hex Dominant 网格类型,不利于提高网格划分的质量,故采用 Tetrahedrons 类型的非结构化四面体网格对计算域进行网格划分。设定内部旋转域网格尺寸最大为 0.045 m,最小为 0.005 m;计算域外域的网格尺寸最大为 0.40 m,最小为 0.012 m。最终网格划分单元数目为 8 365 245 个,划分流体域的节点数为 1 873 248 个。

网格质量分布如图 4-3 所示。通过网格质量检验,网格平均质量为 0.86,据此可判定网格具有可靠性和准确性。较高的网格质量可为后续 CFD 计算提供重要保障。

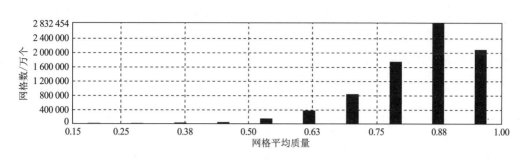

图 4-3　网格质量分布

定义风轮顺着旋转轴重心的几何中心为坐标原点 O 点,来流平行地面的方向为 y 轴正方向,z 轴正方向竖直向上。模型出口设为压力出口,域壁面设为对称边界,风轮等均设为无滑移壁面。选用 SST $k\text{-}\omega$ 湍流模型,它考虑了湍流剪切应力的影响,可以更好地模拟出气体流动及叶片压力分布[149]。

对 CFD 模型进行网格无关性验证,选取启动风速 3.6 m/s、额定风速 12.0 m/s 和停车风速 21.1 m/s 为运行工况,利用 ANSYS 软件中的稳态计算方法,模拟计算叶片表面压力分布。CFD 模型网格无关性验证结果见表 4-1。

表 4-1　CFD 模型网格无关性验证

风速	网格数量/万个								
3.6 m/s	330	420	510	600	690	840	890	970	1 060
最大压力/Pa	163	165	167	169	172	175	175	175	175
风速	网格数量/万个								
12.0 m/s	330	420	510	600	690	840	890	970	1 060
最大压力/Pa	1 453	1 467	1 484	1 504	1 526	1 554	1 554	1 554	1 554
风速	网格数量/万个								
21.1 m/s	330	420	510	600	690	840	890	970	1 060
最大压力/Pa	1 618	1 643	1 668	1 694	1 720	1 743	1 743	1 743	1 743

计算域的划分采用非结构化四面体网格,根据表 4-1 中的数据,当网格数达到 840 万个后,各工况下叶片表面最大压力不再发生变化,故确定划分总网格数为 840 万个左右。利用滑移网格非稳态计算方法模拟风力机气动性能,该方法可解决流场域和旋转域交界面两侧网格不匹配的问题[150]。

4.1.2　结构场模型及网格

关于结构场中的风轮模型,由于风力机叶片的气动外形不规则,基于 ANSYS

Workbench 中的 Transient Structural 模块,采用非结构化正四面体网格对固体模型进行划分,并对网格进行适当加密,以确保后续流固耦合数据传输的准确性。风轮结构场模型的网格划分如图 4-4 所示。

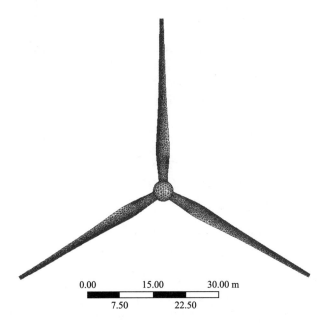

图 4-4　风轮结构场模型的网格划分

对结构场风轮固体模型进行网格无关性验证,在额定风速 12.0 m/s 工况下,计算结构场模型网格数与应力、位移之间的关系。结构场模型网格无关性验证结果汇总于表 4-2 中。

表 4-2　结构场模型网格无关性验证

风速 12 m/s	网格数量/万个								
	143	150	162	180	196	210	230	260	300
最大等效应力 /MPa	1.397	1.418	1.439	1.453	1.481	1.572	1.572	1.572	1.572
最大位移 /m	0.213	0.216	0.219	0.221	0.225	0.238	0.238	0.238	0.238

通过结构场模型的网格无关性验证,当网格数量达到 210 万个后,额定风速下叶片的最大等效应力和最大位移不再增长,因此确定对结构场中的固体风轮模型划分网格数量为 210 万个,该网格数量既能保证固体与流体之间数据传递的准确性,又能合理地划分本研究采用的风轮模型。

4.1.3 风速模型

选取指数型风切变函数,描述内蒙古自治区某风力发电场风速分布规律。通过风电场 65 m 高测风塔的实测数据进行整合计算,设定来流风速为:

$$v = v_{\text{ref}} \left(\frac{z}{z_{\text{ref}}} \right)^{\alpha} \tag{4-1}$$

式中 v——高度 z 处的风速,m/s;

v_{ref}——z_{ref} 处已知的风速,m/s;

z_{ref}——轮毂中心处高度,m;

α——风剪切系数,根据实测数据拟合取值为 0.2。

为研究强风下叶片的应力特性,v_{ref} 取 19 m/s,z_{ref} 取 65 m,叶片桨距角取 28.04°。据此编译计算域入口的切变风 UDF 函数,模拟风力机叶片运行中所受到的切变来流。结合图 4-5 和公式(4-5),叶尖旋转过程中的最大和最小高度分别为 103.5 m 和 26.5 m,对应风速分别为 20.84 m/s 和 15.88 m/s。

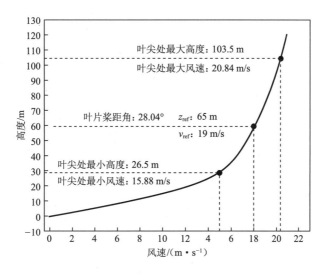

图 4-5　切变函数来流速度风廓线示意图

4.1.4 环境参数及运行参数

内蒙古自治区某风电场 2018 年 12 月风电场气象参数为:空气密度 1.147 kg/m³,环境温度 256.45 K,大气压 86.4 kPa,湍流强度 0.07。

选取 ANSYS 软件双精度及 SIMPLE 算法,残差值为 10^{-4},差分方式为二阶迎风[151]。计算选取风工况为 19 m/s 的强风,当风速大于额定风速且小于最大风速时,风轮以额定转速旋转,设定转速为 19.8 r/min,风轮每转动一周用时 3.029 s。叶片每转动 30°计算一次,对应瞬态计算时间步长为 0.252 s。设定风轮转动 20 周,当扭矩系数稳定后,将第 16 个周期的气动荷载导入瞬态结构场,采用流固耦合方法求解叶片应力分布。通过保持 Transient Structural 结构场的求解步长及总时长与流场计算时间一致来保证耦合求解的一致性[152]。

4.1.5　计算模型有效性验证

为保证计算模型的准确性和可靠性,进行计算模型的验证,计算风力机的风轮部分在一个周期内的平均等效应力,如图 4-6 所示。

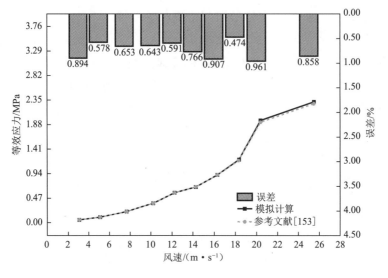

图 4-6　计算模型验证

在数值模拟计算过程中,当不考虑叶片桨距角,且运行工况一致时,不同风速下的数值模拟叶片应力值与参考文献[153]中的叶片应力值的最大误差为 0.961%,最小误差为 0.474%,这与计算结果一致,因此可以认为计算模型合理有效。

4.2　风力机叶片应力分析及失效研究

4.2.1　不同方位角下叶片位移及应力分析

在研究中,定义风力机叶片的叶尖旋转至竖直向上时为 0°方位角,以顺时针为旋转正方向。将旋转周期均等分割为 12 份,每份代表 30°。当计算完毕后,提取叶片在不同方位角下的位移、等效应力云图及最大位移、最大应力周期变化。旋转周期下叶片最大位移及等效应力分布情况如图 4-7 所示。

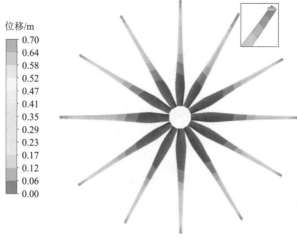

（a）叶片位移云图

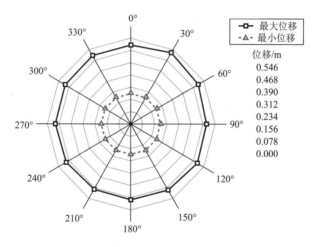

（b）旋转周期单叶片最大位移变化

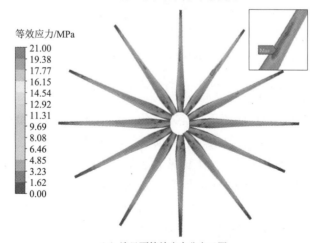

（c）迎风面等效应力分布云图

图 4-7　旋转周期下叶片最大位移及等效应力分布

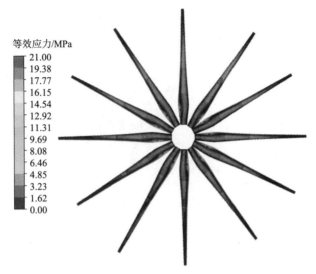

（d）背风面等效应力分布云图

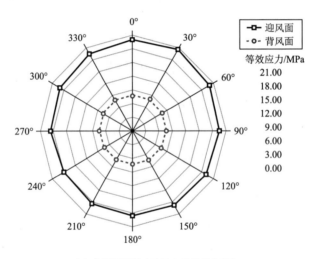

（e）旋转周期单叶片最大等效应力变化

图 4-7（续）　旋转周期下叶片最大位移及等效应力分布

　　由图 4-7 可知,同一旋转周期下,30°方位角下迎风面、背风面最大等效应力分别为
20.60 MPa 和 8.09 MPa;240°方位角时迎风面、背风面的最大等效应力分别为 19.20 MPa
和 7.23 MPa。前半周期等效应力值普遍大于后半周期,这是因为在切变来流下,应
力随高度的增大而增大,并且前半周期重力做正功,后半周期重力做负功。叶片迎风
面的等效应力集中于叶根及叶中附近,这是由叶片迎风面及结构的受力特点导致
的;叶片背风面等效应力在各铺层分段处出现过渡区,这是由应力集中及铺层分段
导致的。

　　设叶片表面气动荷载为 F_{κ},离心力荷载为 q,重力为 G,重力沿展向分量为 G_z,重

力沿叶片旋转方向为 G_x，叶片展向荷载分布如图 4-8 所示。监测叶片某点 r_i（$r/R=$ 0.5）处风速 v 和 G_x，绘制风速和重力分布曲线（图 4-9），可以看出二者以正余弦形式变化。当叶片转动到方位角 θ 时，风速在 0°～45°区间缓慢减小，G_x 在 0°～45°区间迅速增大并在 45°时最大，叶片在 30°时受合力最大，表明叶片在 30°时应力最大。

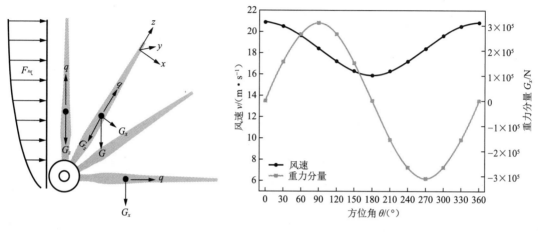

图 4-8　叶片展向荷载分布　　　　　图 4-9　叶片 r_i 处风速和重力分布曲线

4.2.2　典型叶片失效区域荷载分析

对于实际运行中的水平轴风力机叶片，其前缘迎风面受较大气动荷载而易导致疲劳，尾缘薄弱也易受损伤，故探究叶片前缘和尾缘上应力的分布是有重要意义的。因此在 19 m/s 风速工况下，首先对叶片在 30°方位角下的前缘和尾缘进行展向应力分析，找出典型应力集中截面。图 4-10 为 30°方位角下叶片展向等效应力分布。

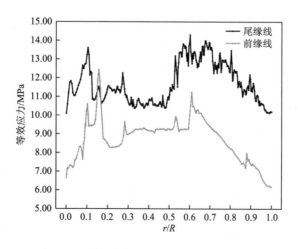

图 4-10　30°方位角下叶片展向等效应力分布

由图 4-10 可知,叶片展向尾缘线处的应力普遍大于前缘线处的应力,且在叶片铺层分段处的 $r/R=0.10$ 截面、$r/R=0.28$ 截面、$r/R=0.53$ 截面和 $r/R=0.88$ 存在等效应力的突变峰值,这是因为叶片铺层分段处铺层数量变化剧烈,截面的结构稳定性差,导致该位置更易出现应力集中现象,易发生因应力突变而引起的损伤现象。此外,在 $r/R=0.16$ 截面和 $r/R=0.60$ 截面也存在应力突变峰值,这是由于叶片具有特殊气动外形,导致叶片展向应力呈现该分布特征。

以上 6 个截面存在明显的等效应力峰值。为进一步探究等效应力的弦向分布规律,对这 6 个截面进行一个旋转周期下的弦向等效应力分析,结果如图 4-11 所示。

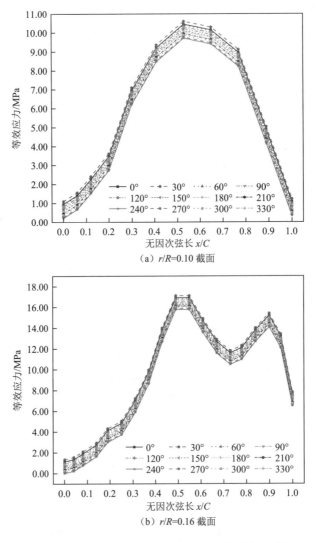

（a）$r/R=0.10$ 截面

（b）$r/R=0.16$ 截面

图 4-11　不同方位角下典型失效截面的等效应力分布

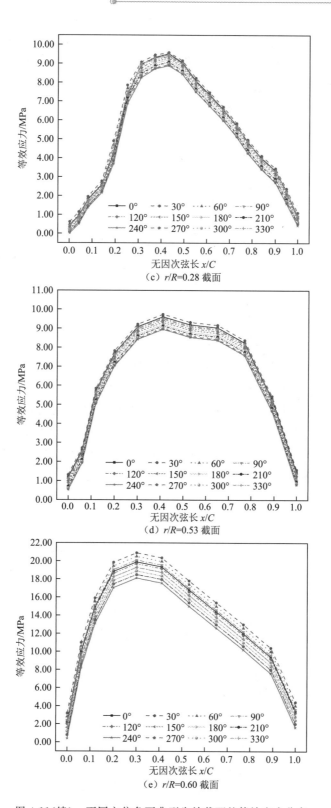

（c）r/R=0.28 截面

（d）r/R=0.53 截面

（e）r/R=0.60 截面

图 4-11（续） 不同方位角下典型失效截面的等效应力分布

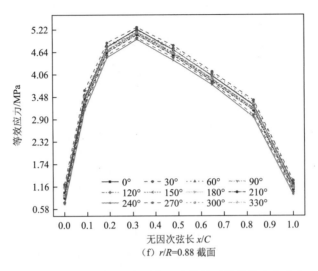

（f）$r/R=0.88$ 截面

图 4-11（续）　不同方位角下典型失效截面的等效应力分布

由图 4-11 可知,各截面均在 30°方位角下存在最大等效应力,且各截面等效应力沿弦向的变化趋势均为先增后减。$r/R=0.10$ 截面、$r/R=0.28$ 截面、$r/R=0.53$ 截面和 $r/R=0.88$ 截面位于铺层分段位置,铺层数量过渡剧烈,且多种荷载的叠加效应导致这 4 个截面处的等效应力过于集中,曲线存在突变峰值。特殊的是,$r/R=0.16$ 截面位于叶根圆与叶根翼型的过渡区域,相对厚度过渡大,导致翼型弦向中部及尾缘附近等效应力大,曲线出现明显的双波峰。$r/R=0.60$ 截面的等效应力最大,该位置叶片的气动外形决定了该截面承受荷载大而易失效。通过分析可找到 6 个典型失效位置,汇总于表 4-3 中。

表 4-3　失效位置及应力

位置命名	失效位置	最大等效应力/MPa	最大等效应力对应方位角
位置 1	$r/R=0.10$ $x/C=0.53$	10.60	30°附近
位置 2	$r/R=0.16$ $x/C=0.52$	17.10	30°附近
位置 3	$r/R=0.16$ $x/C=0.88$	15.80	30°附近
位置 4	$r/R=0.28$ $x/C=0.44$	9.36	30°附近
位置 5	$r/R=0.53$ $x/C=0.41$	9.74	30°附近
位置 6	$r/R=0.60$ $x/C=0.30$	20.60	30°附近

位置命名	失效位置	最大等效应力/MPa	最大等效应力对应方位角
位置 7	$r/R=0.88$ $x/C=0.32$	5.28	30°附近

由表 4-3 和图 4-12 知,叶片转动到不同位置的荷载有较大区别。各失效位置的应力最大值均出现在 30°方位角附近,且位置 4 处应力值最大,为 20.60 MPa。相比于来流正风,强风作用下,叶片运行至 0°~60°和 300°~360°期间,不仅等效应力值大,而且剪应力和正应力的影响不容忽视。考虑到这一点,对典型截面的剪应力和正应力分布进行探究。图 4-13 为 30°方位角下正、剪应力大小比较。

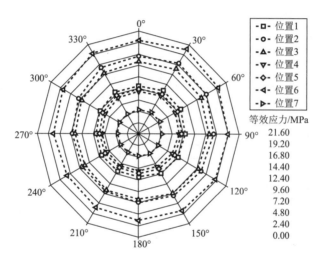

图 4-12　一个周期内典型失效位置的等效应力分布

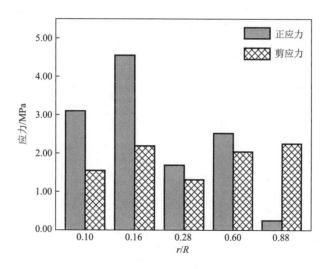

图 4-13　30°方位角下正、剪应力大小比较

分析图 4-13 中正、剪应力的大小关系,发现从叶根到叶尖过渡期间,正应力呈逐渐减小的趋势,而剪应力的变化相对平稳。靠近叶根圆和翼型过渡区域的 $r/R=0.16$ 截面处的正应力最大,为 4.85 MPa;$r/R=0.88$ 截面处的正应力迅速减小到 0.35 MPa,而最大剪应力为 2.60 MPa,是该截面最大正应力的 7.5 倍。由上述分析可知,剪应力过大是导致叶根和叶尖失效的重要因素。

叶片所用复合材料为玻璃钢,强度方面应保证叶片在荷载作用下所受应力不能超过材料破坏极限[154]:

$$\sigma_{max} \leqslant [\sigma] = \frac{\sigma_s}{\gamma} \qquad (4-2)$$

式中　σ_{max}——叶片所受的最大应力;

　　　$[\sigma]$——叶片的许用应力,取值为 73.3 MPa;

　　　σ_s——叶片的屈服应力,取值为 220 MPa;

　　　γ——安全系数,γ 取 3。

分别计算风力机叶片各截面的最大应力,并根据式(4-6),基于最大应力准则,对风力机叶片进行强度校核。校核情况见表 4-4。

表 4-4　叶片强度校核

位置命名	$\dfrac{\sigma_{max}}{[\sigma]}/\%$
位置 1	14.45
位置 2	23.32
位置 3	21.55
位置 4	12.76
位置 5	13.28
位置 6	28.09
位置 7	7.20

根据表 4-4 中数据,在 19 m/s 强风工况下,叶片所受最大应力为许用应力的 28.09%,由此可以看出使用的风力机叶片在理论上是安全可靠的。

4.3　本章小结

本章以实际工程背景为基础,运用流固耦合的计算方法,探究了 1.5 MW 风力机在强风下的应力分布规律。利用数值模拟结果及无人机观测实验相结合的方法,综合判定叶片的失效区域及失效模式,得出如下结论:

(1) 1.5 MW 风力机叶片在强风工况下稳定运行后的一个周期内,当叶片转至同一高度时,前半周期($0° < \theta < 180°$)的应力值大于后半周期($180° < \theta < 360°$),且在 30°方位角附近叶片存在最大应力,为 20.6 MPa,原因是 30°方位角下叶片所受合力最大。

(2) 30°方位角位置处,叶片 6 个截面均有明显等效应力峰值出现,最易失效位置为 $r/R = 0.60$ 且 $x/C = 0.30$ 处。

(3) 通过最大应力准则对叶片结构强度的校核,发现在强风工况下叶片所受最大应力为许用应力的 28.09%,理论上叶片的结构是安全的。

第5章

变工况下叶片气弹稳定性分析

随着风力机趋于大型化，额定功率的增加使叶片向细长化发展，气弹问题越来越显著[155]。交变荷载与叶片的耦合作用会加剧叶片变形，影响风力机的使用寿命[156]。

风力机启停期间，叶片在多荷载的交变作用下变形，产生较强的振动。风轮的加速度可加剧叶片的弯曲程度并增大局部受力，是引起风力机叶片失效损伤的重要因素。根据风力机叶片裂纹相关文献，叶片在复杂工况下的损伤失效形式多种多样[157-161]。由相关文献[162]可知，后缘裂纹（TEC）通常是叶片服役初期的失效模式，随着服役时间的增加，这会导致更严重的问题，甚至导致风力机损坏停车。

本章旨在探究风力机叶片在启停过程中的受力趋势及振动规律，分析其全生命周期内的失效位置及失效模式。以1.5 MW风力机为研究对象，采用流固耦合方法，探究启停工况下叶片的气弹稳定性。结合无人机巡检结果，界定叶片典型的损伤区域及失效模式，最终对风力机叶片的巡检提供重点区域指导。

5.1 变桨距角风力机叶片流固耦合模型的建立

风轮模型包括模型的尺寸、风轮的气动外形等，叶片铺层方式与前文保持一致，在此不再赘述。

5.1.1 风力机运行参数及环境条件的选取

风力机启停过程中，同一时刻的瞬时风速、风力机风轮转速和叶片桨距角是时刻变化的，且各参数之间呈一一对应的关系，因此根据内蒙古自治区当地的风力发电场提供的12月份环境条件下的运行参数，绘制启停期间转速、桨距角、瞬时风速的变化曲线，如图5-1～图5-4所示。

选取双精度及SIMPLE算法，残差值为 10^{-4}，差分方式为二阶迎风。选取风力机启动过程中15个连续工况点和停车过程11个连续工况点，每两个相邻工况的时间间隔为8 s，对各工况点进行稳态计算。将计算得到的气动荷载导入结构场，并耦合重力荷载和离心力荷载，分析叶片静力学参数。

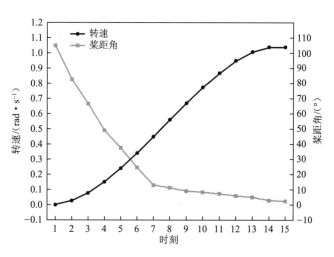

图 5-1　启动期间转速及桨距角变化曲线

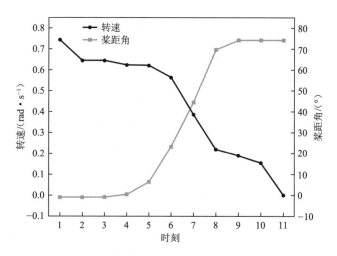

图 5-2　停车期间转速及桨距角变化曲线

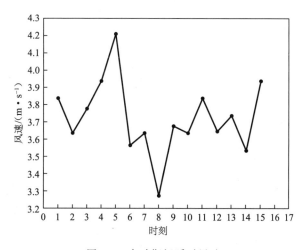

图 5-3　启动期间瞬时风速

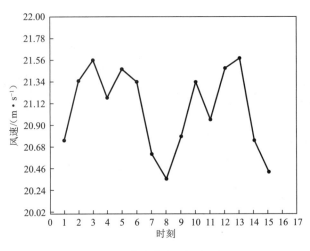

图 5-4　停车期间瞬时风速

5.1.2　启停工况风模型的确定

内蒙古自治区某风电场 2018 年 12 月风电场气象参数:空气密度为 1.147 kg/m³,环境温度为 256.45 K,大气压为 86.4 kPa,湍流强度 0.07,选取指数型风切变函数来描述风力发电场的风速分布规律。根据风电场 65 m 高测风塔的实测数据进行整合计算,设定来流风速,见式(4-5)。

根据风电场提供的风力机运行参数,选取风力机加速启动过程的风速 v_{ref} 为 3.6 m/s,减速停车过程的风速 v_{ref} 为 21.1 m/s,z_{ref} 取 65 m,绘制启停过程中的风廓线,如图 5-5 所示。结合图 5-5,叶尖旋转过程中的最大和最小高度分别为 103.5 m 和 26.5 m,启动过程分别对应风速 3.92 m/s 和 1.47 m/s,停车过程分别对应风速 22.99 m/s 和 8.65 m/s。

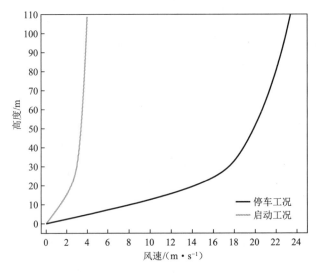

图 5-5　启停过程风廓线

5.1.3　计算模型的验证

为保证计算模型的准确性和可靠性,对计算模型进行验证。当不考虑桨距角且工况一致时,不同风速下的数值模拟叶片应力与文献[135]中叶片应力的最大误差为 0.961%,最小误差为 0.474%,可认为计算模型合理有效。

5.2　风力机叶片荷载及变形分析

5.2.1　叶片加速度对其应力和位移的影响

根据选取的启停过程工况点,对 1.5 MW 风力机进行流固耦合计算。考虑加速度对叶片等效应力和位移的影响,分析启停过程中风力机叶片受力最大时刻,并探究叶片的失效模式。图 5-6 为启停过程风力机叶片的最大位移及最大等效应力。

在启动期间,风轮的加速度与角速度的方向相同,并且最大叶片位移和最大等效应力都在时刻 2 出现。在考虑由风力机的加速度产生的惯性力时,最大叶片位移为 0.70 m,比没有加速时的叶片位移大 7.14%;叶片的最大等效应力为 22.86 MPa,比没有加速时的叶片等效应力大 16.27%。

在停车期间,风轮的加速度与角速度相反,并且最大叶片位移和最大等效应力都在时刻 7 出现。当考虑由风力机叶片的加速度产生的惯性力时,叶片最大位移为 1.23 m,比没有加速的叶片位移大 37.71%;叶片最大等效应力为 32.61 MPa,比没有加速时的叶片等效应力大 26.96%。

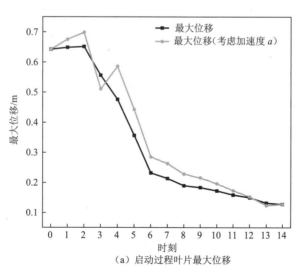

（a）启动过程叶片最大位移

图 5-6　启停过程风力机叶片的最大位移及最大等效应力

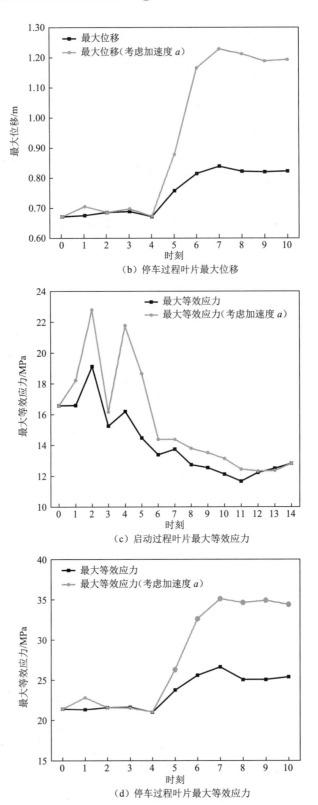

（b）停车过程叶片最大位移

（c）启动过程叶片最大等效应力

（d）停车过程叶片最大等效应力

图 5-6（续） 启停过程风力机叶片的最大位移及最大等效应力

由图 5-6 可知,风力机启动过程变桨时间段为时刻 0~时刻 12,而停车过程变桨时间段为时刻 4~时刻 8,停车过程持续的时间明显短于启动过程。根据分析,各时刻存在不同大小和方向的加速度,考虑加速度产生的惯性力时,在启动时刻 2 和停车时刻 7 工况下叶片受力最大,最容易发生失效现象。

5.2.2　环境温度与叶片应力和位移的关系

温度变化不仅影响叶片的材料性能,而且在实际情况下,叶片朝阳面的温度会迅速升高,并且相应的热负荷会作用在叶片上。本节研究中,将稳态热分析与结构场分析相结合以实现热-结构耦合分析。根据内蒙古当地风电场高寒的特点,选取 2018 年 12 月的空气密度 $\rho = 1.147 \text{ kg/m}^3$,将该风电场风力机启停阶段的运行参数考虑在内,探究不同温度、不同风速对叶片等效应力及位移的影响。图 5-7 为启动时刻 2 和停车时刻 7 在不同温度下的最大等效应力和最大位移分布。

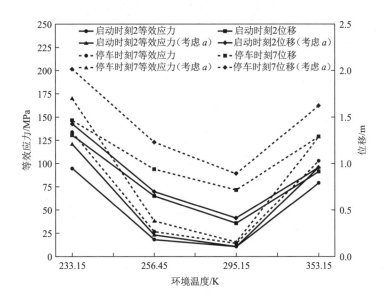

图 5-7　典型环境温度下叶片的等效应力及位移分布

叶片刚度方面,最大变形不能超过叶片总长度的 5%[163]:

$$d_{\max} \leqslant L \times 5\% \tag{5-1}$$

式中　$d_{\max}$——叶尖最大位移;

　　L——叶片总长度,取 37.5 m。

叶片所用复合材料为玻璃钢,强度方面保证叶片在荷载作用下的应力不超过叶片材料的破坏极限,见式(4-6)。

结构失效难易程度 B 能够反映结构失效和屈服的难易。结构失效难易程度从刚度准则角度可写成 $B = d_{\max}/(5\% \times L)$,它表示结构最大变形量 $d_{\max}$ 与 $5\% \times L$ 的比值;

从最大应力准则角度可写成 $B=\sigma_{max}/[\sigma]$，它代表结构所受最大等效应力 σ_{max} 与材料许用应力 $[\sigma]$ 的比值。B 值越大，则该结构越容易出现失效和屈服。结合式(5-1)和式(4-6)，分别判断风力机叶片在各典型时刻、有无加速度时的失效难易程度，并汇总于图 5-8 中。

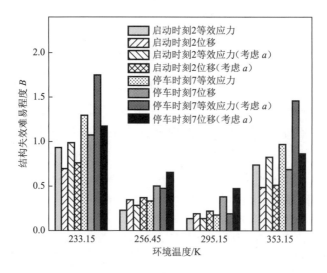

图 5-8　叶片结构安全验证

在极端低温的环境中，环境负荷对整个风力机的影响较大。停车时刻 7 工况叶片的最大等效应力已达到 175 MPa，且叶片的最大变形量接近 2 m，已经接近叶片的强度极限。在图 5-8 中，在 233.15 K 的严寒环境中，风力机叶片结构在停车工况 7 下容易受到破坏，最大应力为玻璃钢材料允许应力的 1.75 倍，最大变形为规定值的 1.18 倍。在这种低温环境中，叶片表面可能会出现裂纹。可以看出，尽管由于复合叶片的复杂制造过程，叶片仍可在短时间内正常使用，但极低的温度对叶片的影响不可忽视。

经过刚度准则和最大应力准则的校核，风力机启停过程中，在严寒环境条件下叶片结构是容易失效损伤的。研究发现，温度的变化除了会改变材料属性参数，本身也会导致叶片的应力和位移产生变化，而低温对叶片受力及变形的影响更加明显，且在交变荷载作用下叶片易出现不同的失效损伤。

5.3　风力机叶片振动特性研究

5.3.1　叶片振动频率及振型

采用有限元分析软件 ANSYS Workbench 中的 Modal 模块，对 1.5 MW 水平轴风力机叶片进行模态分析。

对于 1.5 MW 风力机叶片模型，利用 ANSYS Workbench 软件的 Fluent 模块、Static Structural 模块和 Modal 模块实现预应力下叶片的模态分析，探究在预应力下各阶频率与振型的关系。图 5-9 和图 5-10 展示了启动时刻 2 和停车时刻 7 的叶片一阶至六阶振型。启动时刻 2 和停车时刻 7 风力机叶片各阶固有频率及振型汇总于表 5-1 和表 5-2 中。

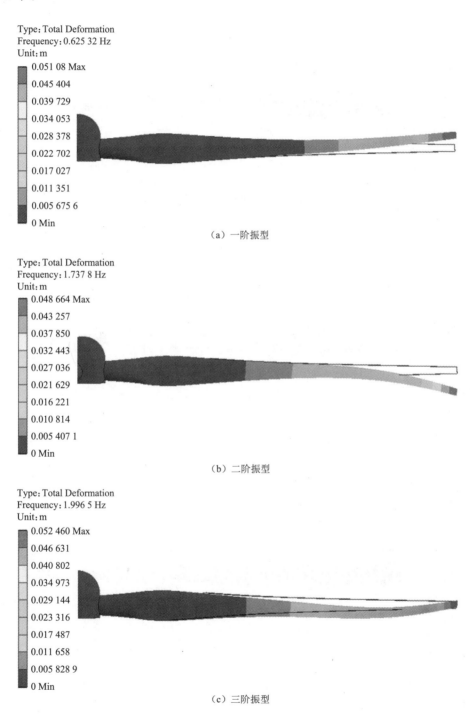

（a）一阶振型

（b）二阶振型

（c）三阶振型

图 5-9　启动 2 时刻的一阶至六阶振型

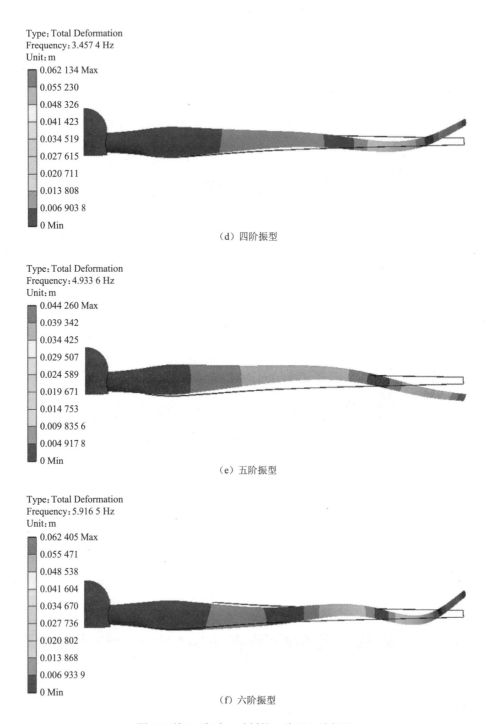

Type: Total Deformation
Frequency: 3.457 4 Hz
Unit: m
0.062 134 Max
0.055 230
0.048 326
0.041 423
0.034 519
0.027 615
0.020 711
0.013 808
0.006 903 8
0 Min

（d）四阶振型

Type: Total Deformation
Frequency: 4.933 6 Hz
Unit: m
0.044 260 Max
0.039 342
0.034 425
0.029 507
0.024 589
0.019 671
0.014 753
0.009 835 6
0.004 917 8
0 Min

（e）五阶振型

Type: Total Deformation
Frequency: 5.916 5 Hz
Unit: m
0.062 405 Max
0.055 471
0.048 538
0.041 604
0.034 670
0.027 736
0.020 802
0.013 868
0.006 933 9
0 Min

（f）六阶振型

图 5-9（续）　启动 2 时刻的一阶至六阶振型

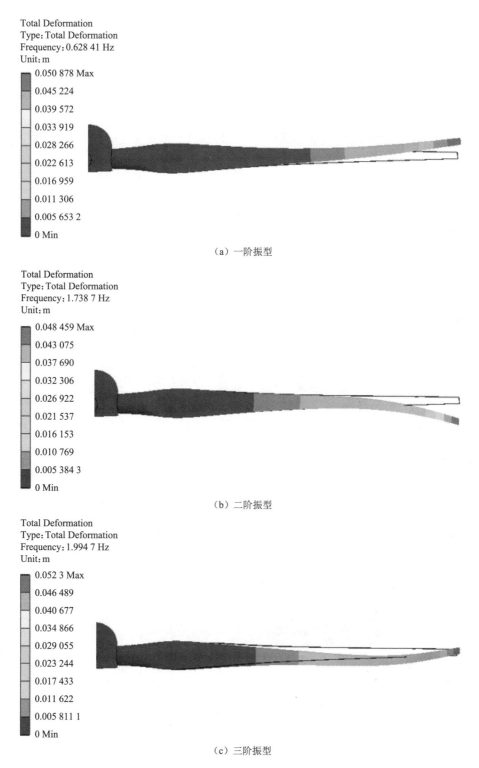

（a）一阶振型

（b）二阶振型

（c）三阶振型

图 5-10　停车 7 时刻的一阶至六阶振型

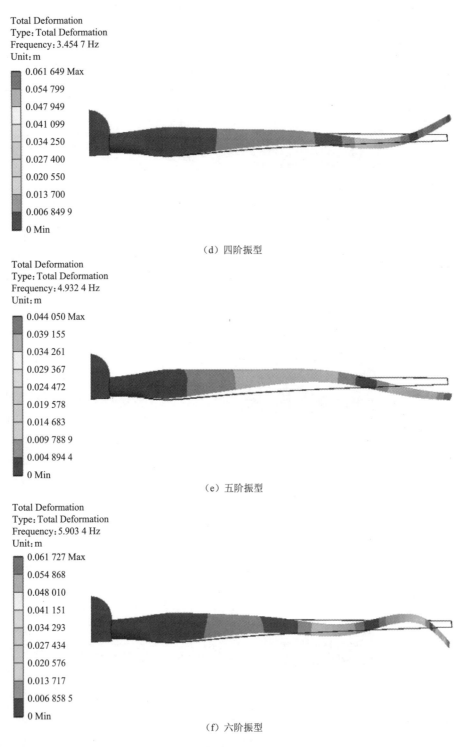

（d）四阶振型

（e）五阶振型

（f）六阶振型

图 5-10（续）　停车 7 时刻的一阶至六阶振型

表 5-1　启动时刻 2 风力机叶片各阶固有频率及振型汇总

阶　数	一	二	三	四	五	六
振动频率/Hz	0.625 32	1.737 8	1.996 5	3.457 4	4.933 6	5.916 5
振　型	挥舞	挥舞	挥舞＋摆振	挥舞＋摆振	挥舞＋摆振	挥舞＋摆振＋扭转

表 5-2　停车时刻 7 风力机叶片各阶固有频率及振型汇总

阶　数	一	二	三	四	五	六
振动频率/Hz	0.628 41	1.738 7	1.994 7	3.454 7	4.932 4	5.903 4
振　型	挥舞	挥舞	挥舞＋摆振	挥舞＋摆振	挥舞＋摆振	挥舞＋摆振＋扭转

　　结合叶片各阶振型图的分析,发现一阶和二阶振型以挥舞振动为主;三阶至五阶振型为挥舞振动和摆振振动为主;六阶振型的形态复杂,存在挥舞振动、摆振振动和扭转振动 3 种振型,叶片的高阶振动模式复杂。根据叶片质量分布,叶片的振动能量绝大部分集中于一阶和二阶,高阶对于振动的影响微乎其微,因此叶片出场前检测时需要重点关注低阶频率。

5.3.2　叶片加速度与振动频率的关系

　　启停过程中,风轮因加速度而产生惯性力,给叶片的动力特性带来不同程度的影响[99]。为了验证惯性力对叶片动力特性的影响,对铺层设计后的风力机叶片进行模态分析,探究加速度是否会对风轮固有频率造成影响。

　　分别选取风力机启动过程 15 个连续时刻和停车过程 11 个连续时刻,将启动与停车各工况下无加速度固有频率和有加速度振动频率做差值,并与加速度曲线做对比。风轮二阶频率改变量与加速度对比曲线如图 5-11 所示。

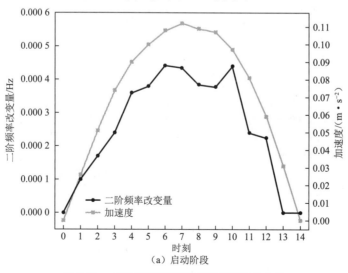

图 5-11　二阶频率改变量与加速度关系曲线

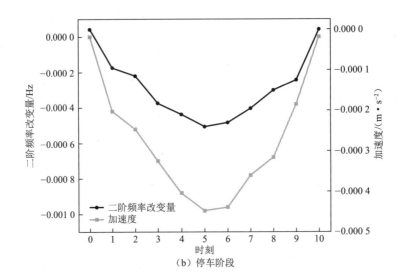

（b）停车阶段

图 5-11（续）　二阶频率改变量与加速度关系曲线

由图 5-11 可知,当考虑加速度后,二阶频率改变量与加速度变化呈正相关趋势,表明在风力机工作过程中风轮固有频率确实会受到加速度的影响。

5.3.3　低阶振动频率间的相关性

为进一步探究低阶振动的影响程度,计算叶片的一、二阶频率改变量,结果图 5-12 所示。

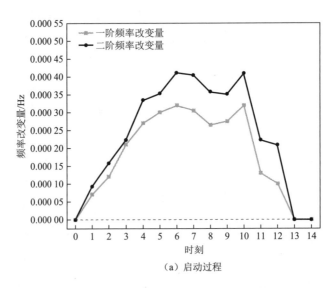

（a）启动过程

图 5-12　启停过程一阶和二阶频率相关性

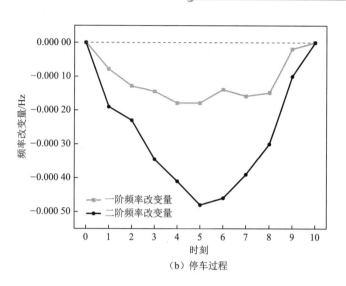

（b）停车过程

图 5-12（续）　启停期间一阶和二阶频率相关性

由图 5-12 可以看出,风力机启动过程中,叶片速度和切向加速度方向相同,频率改变量为正值;风力机停车过程中,叶片速度和加速度方向相反,频率改变量为负值。结合频率改变量数值可知,启动时刻 10 和停车时刻 5 工况下,风力机叶片一阶频率改变量和二阶频率改变量最大,一阶频率启动期间其中为 0.000 45 Hz,停车期间为 −0.000 48 Hz。加速度对风轮二阶频率的影响显著大于一阶频率,由此推测加速度对叶片高阶振动频率的影响更大。

相比于启动过程,风力机停车过程的频率变化量更大,这是因为停车加速度给风轮施加了一个与旋转方向相反的力,削弱了风压荷载在风轮旋转平面上分力的抵消作用,增大了风轮叶片横截面上的应力,从而增强了应力钢化效应。减速度对应力钢化效应的影响要大于加速度的影响。

5.4　变桨距角风力机叶片动响应分析

风力机启停过程中,叶片桨距角时刻在变化。将各桨距角下叶片表面的气动力、重力和离心力进行流固耦合计算,并对叶片进行谐波分析,获得叶片结构在多种荷载作用下的动应力和振动幅值,对叶片结构进行疲劳评价。选取 5.3 节中得出的 4 个典型失效时刻,各时刻叶片的桨距角均不相同,分析 4 个时刻叶片的动应力及振动幅值,结果如图 5-13 和图 5-14 所示。

结合表 5-3 并对图 5-13 和图 5-14 分析可知,一阶共振频率下的动应力和振动幅值远大于高阶,且在低阶共振区间内,随叶片桨距角的增加,响应频率出现不同程度的减小。对于各阶频率下的动响应参数变化,考虑叶片加速度时的工况均大于不考虑加速度时的工况。总体来看,各时刻叶片动响应参数大小的比较情况为:停车时刻 10＞启动时

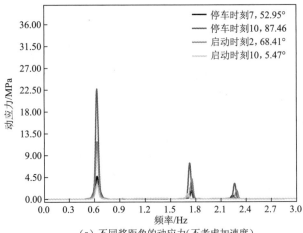

（a）不同桨距角的动应力（不考虑加速度）

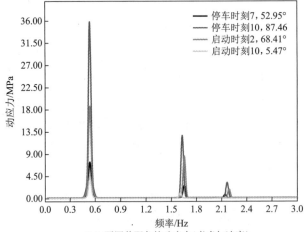

（b）不同桨距角的动应力（考虑加速度）

图 5-13　不同桨距角下叶片的动应力

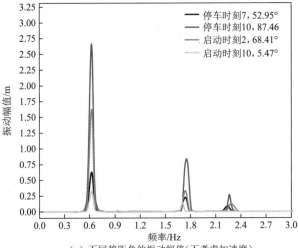

（a）不同桨距角的振动幅值（不考虑加速度）

图 5-14　不同桨距角下叶片的振动幅值

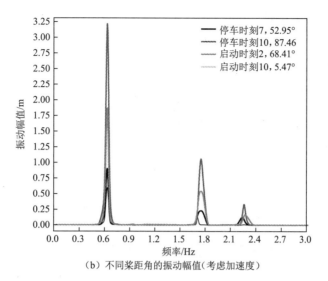

（b）不同桨距角的振动幅值（考虑加速度）

图 5-14（续）　不同桨距角下叶片的振动幅值

表 5-3　启停过程最大动应力及振动幅值

启停工况	启动时刻 2	启动时刻 10	停车时刻 7	停车时刻 10
不考虑加速度最大动应力/MPa	11.45	3.04	4.46	22.52
考虑加速度最大动应力/MPa	18.36	4.35	6.85	35.86
不考虑加速度最大振动幅值/m	1.62	0.28	0.63	2.68
考虑加速度最大振动幅值/m	1.79	0.56	0.80	3.13

刻 2＞停车时刻 7＞启动时刻 10。考虑叶片加速度时，在一阶频率峰值附近，启动时刻 10 工况下叶片最大动应力和振幅分别为 4.35 MPa 和 0.56 m，停车时刻 10 工况下叶片最大动应力和振幅分别为 35.86 MPa 和 3.13 m，两工况相差 6 倍以上。因此，在风力机停车期间，叶片在停车时刻 10 发生失效的可能性更大。

　　风力机叶片材料玻璃钢的疲劳极限为 220 MPa，屈服强度为 80 MPa。采用由 Goodman 图得到的安全系数对结构进行疲劳安全评价。安全系数定义为[164]：

$$S = \frac{\sigma_f}{\dfrac{K}{\varepsilon \beta} \sigma_a + \dfrac{\sigma_f}{\sigma_b} \sigma_m} \tag{5-2}$$

式中　S——安全系数；

　　　σ_f——材料的疲劳极限，MPa；

　　　σ_a——结构动应力，MPa；

　　　σ_m——结构平均应力，MPa；

　　　K——应力集中系数；

　　　ε——尺寸系数；

β——零件表面系数。

根据相关文献[166],选取 $K=1.6, \varepsilon=0.7, \beta=1$。当 $S>1.5$ 时,叶片不会发生疲劳失效。停车时刻 10、启动时刻 2、停车时刻 7 和启动时刻 10 的安全系数分别为 1.09,1.23,0.67 和 6.18,由计算可知,停车时刻 10、启动时刻 2、停车时刻 7 均会发生疲劳失效,而由于启动时刻 10 的桨距角远小于其他 3 个时刻,安全系数大,因此该时刻下的叶片不易发生疲劳失效现象。

5.5 本章小结

本章以实际工程背景为基础,结合风力发电场实测参数,探究了 1.5 MW 风力机在启停工况下的应力、位移及振动特性,为指导无人机检测风力机叶片做好基础性的工作。本章得出如下结论:

(1) 1.5 MW 风力机叶片在启停工况下,启动时刻 2 和停车时刻 7 的等效应力和位移最大,且在加速度的影响下,等效应力和位移有增大趋势,原因是这两个时刻叶片的加速度绝对值较大,且速度方向与加速度方向相同,增大了叶片的惯性力。低温环境会改变材料属性参数,加剧叶片的变形。

(2) 当考虑叶片的加速度时,发现叶片的振动频率的变化与加速度的变化呈正相关关系,并且加速度对二阶频率的影响明显更大。对一阶频率的比较表明,风力机叶片的固有频率确实会受到加速度的影响,而加速度对叶片的高阶振动频率的影响更大。停车过程中的频率变化大于启动过程,因为停车加速度施加了与风轮旋转方向相反的力,削弱了风压负载对风轮的抵消作用,增强了应力钢化效果。减速度对应力钢化的影响要大于加速度的影响。

(3) 在考虑加速度的情况下,在叶片振动的一阶频率峰值附近,在启动时刻 10 工况下叶片的最大动应力和振动幅值分别为 4.35 MPa 和 0.56 m,而叶片停车时刻 10 工况下的叶片最大动应力和振动幅值分别为 35.86 MPa 和 3.13 m,两工况下风力机叶片的最大动应力和振动幅值相差 6 倍以上。根据最大应力准则、刚度准则及结构安全性评估准则,发现在叶片启动时刻 10 工况下叶片不容易出现疲劳破坏。

第6章

含裂纹损伤风力机叶片动态特性研究

　　裂纹是风力机叶片损伤的主要形式之一。随着风力机服役年限的增加,叶片在运行过程中受到复杂交变荷载的影响,容易在应力集中部位产生裂纹,进而产生严重的损伤。本章通过研究含裂纹损伤风力机叶片的应力特性和模态特性,分析裂纹分布区域和角度的变化对叶片动态性能的影响,以指导风力机叶片表面裂纹的预判和识别,为叶片检修和维护工作提供理论支持。

　　本章基于流固耦合理论、滑移网格理论、叶素-动量理论和荷载理论等基础理论,利用风电场实测数据,以某在役 1.5 MW 水平轴风力机为研究对象,结合风力发电场实拍图片,使用 ANSYS 软件,对含裂纹损伤风力机叶片的动态响应进行研究。

6.1　物理模型与边界条件设置

6.1.1　流场模型的建立

　　如图 6-1 所示,建立长 300 m,宽、高均为 150 m 的计算域,设置计算域入口为速度入口,出口为压力出口,来流方向为 y 轴正向。在距入口 65 m 处设置直径 80 m、长 4 m 的圆柱形流场域,设定流场域按顺时针方向旋转。在流场域的中心设置风轮模型,轮毂的中心与旋转域中心重合,设轮毂中心距地面高度为 65 m。

　　由于风力机模型结构复杂,为保证交界面两侧网格在计算时的匹配问题,采用自适应性强的非结构化四面体网格的形式进行网格划分。由于裂纹位置相对叶片整体尺寸较小,为保证计算的准确,在裂纹位置加入直径为 150 mm 的膨胀球,对裂纹处的网格进行加密,如图 6-2 所示。

　　对流场模型的网格数量进行无关性验证。改变裂纹区域网格的大小,以调整整体网格的密度(表 6-1)。选取叶根和叶中后缘位置处的裂纹,分析 12 m/s 和 19 m/s 风速下裂纹尖端应力的变化情况。由表 6-1 可知,当裂纹处网格尺寸小于 15 mm 后,裂纹尖端的应力不再发生变化,故将裂纹处网格大小设为 15 mm。基于滑移网格非稳态计算法对旋转域进行设置,模拟风轮的旋转过程。

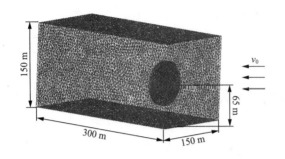

图 6-1　计算域网格示意图

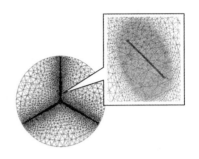

图 6-2　旋转域及裂纹网格示意图

表 6-1　裂纹尖端应力随网格数量的变化

	总网格数	2 247 827	2 843 296	3 477 948	3 548 693	3 943 966
叶根裂纹	裂纹处网格大小/mm	25	20	15	10	5
	12 m/s 风速下裂纹尖端应力/(10^7 Pa)	3.30	3.32	3.33	3.33	3.33
	19 m/s 风速下裂纹尖端应力/(10^7 Pa)	2.39	2.40	2.41	2.41	2.41
叶中裂纹	总网格数	2 191 483	2 714 736	3 295 412	3 401 857	3 745 612
	裂纹处网格大小/mm	25	20	15	10	5
	12 m/s 风速下裂纹尖端应力/(10^7 Pa)	3.08	3.09	3.10	3.10	3.10
	19 m/s 风速下裂纹尖端应力/(10^7 Pa)	4.40	4.41	4.43	4.43	4.43

以 12 m/s 风速下含叶根后缘裂纹叶片为例,网格划分完成后,对网格质量进行检测,如图 6-3 所示。网格平均质量为 0.86,因此可以认为上述网格划分方法是准确、可靠的。网格设置完成后,将网格绘制结果导入 Fluent 模块,进行流场计算。

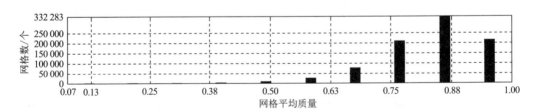

图 6-3　网格质量检测示意图

6.1.2 边界条件设置

风切变指的是空间任意两点之间风速的变化,可分为风速在水平方向上的变化和在垂直方向上的变化。在风力机气动特性研究中,一般侧重风速随垂直高度的改变情况。通过编译 UDF 函数来模拟切变来流的变化。以式(4-5)作为切变来流的控制方程。

选取 12 m/s 和 19 m/s 两个典型风速,研究额定运行工况和强风运行工况下风力机叶片的气动性能差异。图 6-4 为两个典型工况下切变来流风廓线图。根据风电厂家提供的实测数据,设 12 m/s 和 19 m/s 风速下风轮转速瞬时值分别为 1.859 rad/s 和 1.396 rad/s,叶片桨距角分别为 12.50° 和 28.04°。

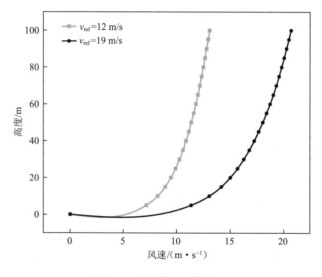

图 6-4 切变来流风廓线图

以风电场采集的内蒙古地区 12 月份的气象参数为参考,来流密度为 1.147 kg/m³,湍流度为 7%,空气温度为 256.45 K。计算基于 Fluent 模块,计算模型选用 SST k-ω 湍流模型,目的是考虑湍流中剪切力的影响。采用 SIMPLE 算法,差分方式为二阶迎风,残差为 10^{-4}。采用稳态计算方法进行计算,设定计算步数为 2 000 步,计算收敛后将 Fluent 的计算结果与 ACP(Pre)的铺层结果同时导入 Static Structural 模块。

6.1.3 结构场设置

在结构场分析中,首先对风轮分别施加气动、重力和离心力荷载。其中,重力荷载方向设定为 z 轴负方向,竖直向下;离心力荷载加载于轮毂中心,使风轮以 y 轴为中心进行旋转。同时设定风轮的旋转方向为顺时针方向,与流场的旋转方向保持一致。选取风轮全部表面为耦合接触面,在轮毂部位添加固定约束,具体的设定情况如图 6-5 所示。

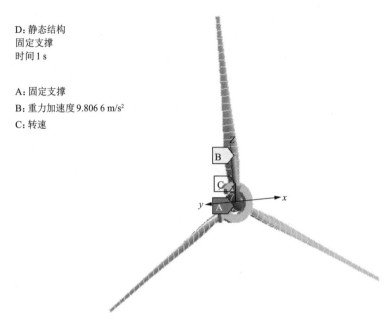

D：静态结构
固定支撑
时间 1 s

A：固定支撑
B：重力加速度 9.806 6 m/s²
C：转速

图 6-5　荷载设置图

6.2　计算结果分析

6.2.1　数值计算误差分析验证

为验证计算模型的准确性，选取 10 m/s,12 m/s,14 m/s,16 m/s,18 m/s 和 20 m/s 6 个典型风速，在不考虑桨距角等因素的影响下，对仅受气动荷载作用的无裂纹风力机叶片进行计算，并与文献[165]中的计算结果进行对比，如图 6-6 所示。

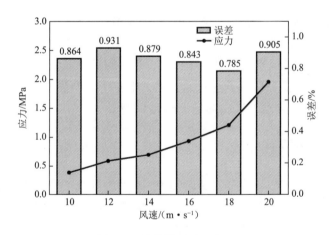

图 6-6　计算模型误差验证

由图可知,本章数值计算所得应力与文献[165]中应力的最小误差为 0.785%,最大误差为 0.931%,可见 6 个风速工况的计算误差均控制在 1% 以内,说明所选取的计算模型是正确的,可以开展进一步的研究。

6.2.2　裂纹角度的选取与设定

如图 6-7 所示,设置沿叶片弦向分布的裂纹角度为 90°,沿展向分布的为 0°。定义叶片半径为 R,旋转中心至叶片任意翼型截面的距离为 r。从无因次位置 $r/R=0.1$ 到 $r/R=0.9$ 处,等距选取 9 个截面,在截面上布置沿 90° 分布的裂纹。研究沿展向不同分布位置处的裂纹对叶片应力特性的影响。

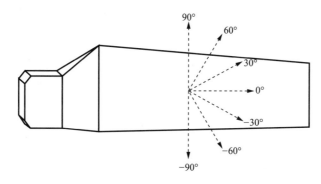

图 6-7　角度设定图

6.2.3　裂纹分布位置对叶片应力特性的影响分析

如图 6-8 所示,选取任意一支叶片,提取分布在 9 个截面处裂纹尖端的应力值,研究当相同尺寸的裂纹分别位于叶片前、后缘时裂纹尖端的应力值沿叶片展向的变化。如图 6-8(a)所示,对于分布在叶片前缘的裂纹,12 m/s 和 19 m/s 风速下的应力峰值均位于 $r/R=0.5$ 截面处,分别为 20.20 MPa 和 39.42 MPa。同时,由于前缘迎风,受气动力影响较大,除 $r/R=0.1$ 截面外,其余各截面处裂纹尖端在 12 m/s 风速下的应力值均小于 19 m/s 风速下。如图 6-8(b)所示,对于分布在叶片后缘的裂纹,由于 12 m/s 风速下的叶片桨距角小,叶根区域迎风面积大,$r/R=0.1$,$r/R=0.2$,$r/R=0.3$ 和 $r/R=0.4$ 截面处裂纹尖端在 12 m/s 风速下有较大的应力值。12 m/s 风速下,后缘裂纹尖端的应力峰值位于 $r/R=0.1$ 截面处,为 33.34 MPa;19 m/s 风速下,应力峰值位于 $r/R=0.5$ 截面处,为 44.31 MPa。

通过上述分析可知,分布于叶根和叶中的裂纹受力最大,这间接说明上述位置应为裂纹的高发区。除 $r/R=0.1$ 和 $r/R=0.5$ 截面外,$r/R=0.3$ 和 $r/R=0.9$ 截面处也存在应力峰值,结合叶片的铺层结构可知,上述几个截面恰好位于铺层分段处附近。因此,叶片的铺层分段区域附近也易产生裂纹。

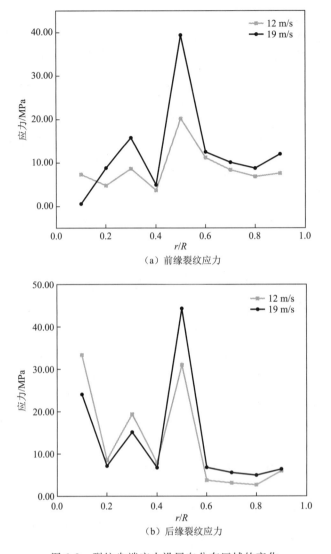

（a）前缘裂纹应力

（b）后缘裂纹应力

图 6-8　裂纹尖端应力沿展向分布区域的变化

选取 $r/R＝0.1,0.3,0.5$ 和 0.9 的 4 个失效截面,研究含裂纹部分叶片表面的应力分布。由图 6-9 可知,在裂纹位置处,叶片表面应力发生突变,应力最大值位于裂纹尖端,最小值位于裂纹边缘。

为进一步分析裂纹处应力的分布规律,在叶片迎风表面,沿虚线部分提取一条经过裂纹边缘的路径(图 6-10),研究各截面沿弦向的应力分布规律。

叶片受力时裂纹的两个尖端存在不同的应力变化。对绝大多数裂纹而言,靠近叶片中部的尖端明显受力大,靠近叶片边缘的尖端受力小。这说明当沿弦向分布的裂纹因受力而产生扩展时,靠近叶片中部的尖端先开裂,靠近边缘的尖端后开裂。唯一例外的是叶根($r/R＝0.1$ 截面)前缘的裂纹,两尖端的应力分布呈相反状态。这是由于叶根前缘翼型厚度较大,阻碍了裂纹向叶片中部扩展,使其朝向叶片前缘的尖端首先开裂。

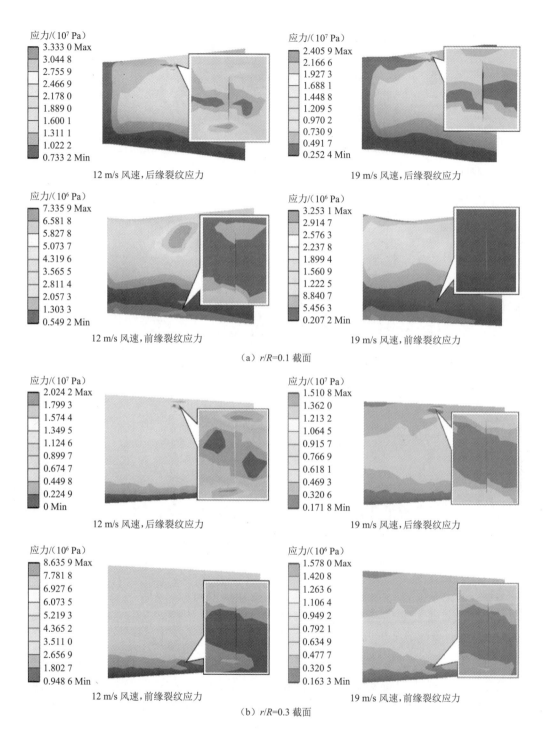

图 6-9　典型截面处裂纹应力云图

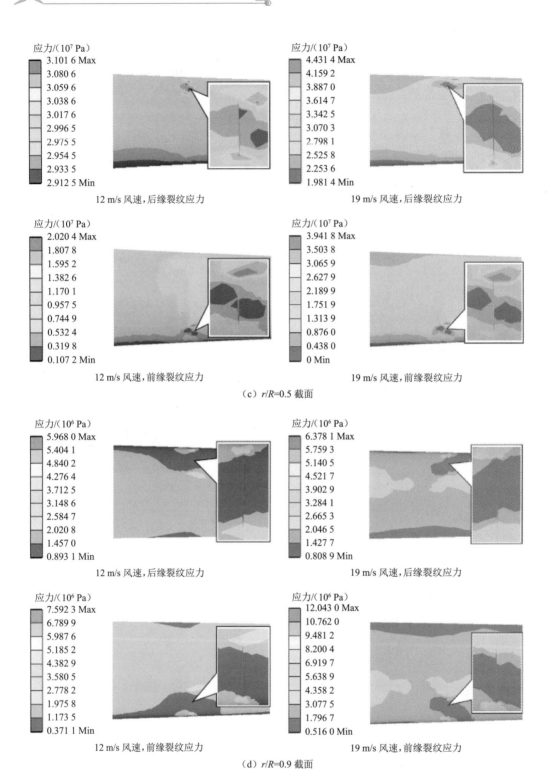

应力/(10^7 Pa)

3.101 6 Max
3.080 6
3.059 6
3.038 6
3.017 6
2.996 5
2.975 5
2.954 5
2.933 5
2.912 5 Min

12 m/s 风速,后缘裂纹应力

应力/(10^7 Pa)

4.431 4 Max
4.159 2
3.887 0
3.614 7
3.342 5
3.070 3
2.798 1
2.525 8
2.253 6
1.981 4 Min

19 m/s 风速,后缘裂纹应力

应力/(10^7 Pa)

2.020 4 Max
1.807 8
1.595 2
1.382 6
1.170 1
0.957 5
0.744 9
0.532 4
0.319 8
0.107 2 Min

12 m/s 风速,前缘裂纹应力

应力/(10^7 Pa)

3.941 8 Max
3.503 8
3.065 9
2.627 9
2.189 9
1.751 9
1.313 9
0.876 0
0.438 0
0 Min

19 m/s 风速,前缘裂纹应力

（c）r/R=0.5 截面

应力/(10^6 Pa)

5.968 0 Max
5.404 1
4.840 2
4.276 4
3.712 5
3.148 6
2.584 7
2.020 8
1.457 0
0.893 1 Min

12 m/s 风速,后缘裂纹应力

应力/(10^6 Pa)

6.378 1 Max
5.759 3
5.140 5
4.521 7
3.902 9
3.284 1
2.665 3
2.046 5
1.427 7
0.808 9 Min

19 m/s 风速,后缘裂纹应力

应力/(10^6 Pa)

7.592 3 Max
6.789 9
5.987 6
5.185 2
4.382 9
3.580 5
2.778 2
1.975 8
1.173 5
0.371 1 Min

12 m/s 风速,前缘裂纹应力

应力/(10^6 Pa)

12.043 0 Max
10.762 0
9.481 2
8.200 4
6.919 7
5.638 9
4.358 2
3.077 5
1.796 7
0.516 0 Min

19 m/s 风速,前缘裂纹应力

（d）r/R=0.9 截面

图 6-9（续） 典型截面处裂纹应力云图

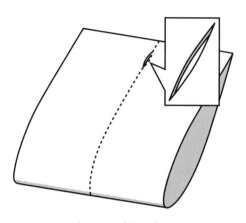

图 6-10 路径的提取

通过分析图 6-11 可知,叶片后缘裂纹尖端的应力值普遍大于前缘裂纹,但对于靠近叶尖($r/R=0.9$ 截面)分布的裂纹,当裂纹位于前缘时,12 m/s 风速和 19 m/s 风速下裂纹尖端最大应力分别为 7.56 MPa 和 12.16 MPa;当裂纹位于后缘时,12 m/s 风速和 19 m/s 风速下裂纹尖端最大应力分别为 6.02 MPa 和 6.53 MPa,前者大于后者。在叶片弦向位置,除了裂纹尖端,在靠近翼型中部的位置处也存在一个应力峰值区。随着截面位置由 $r/R=0.1$ 移动到 $r/R=0.9$,该集中区域由 $x/C=0.7$ 移动到 $x/C=0.25$ 处,存在由叶片后缘向前缘移动的趋势。这是因为叶片前缘相对厚度沿展向逐渐变薄,迎风的前缘更容易受气动荷载的作用而产生应力集中,说明靠近前缘分布的裂纹应力较大。

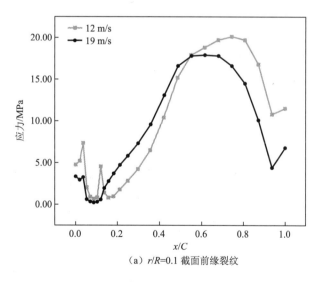

（a）$r/R=0.1$ 截面前缘裂纹

图 6-11 典型截面处应力分布图

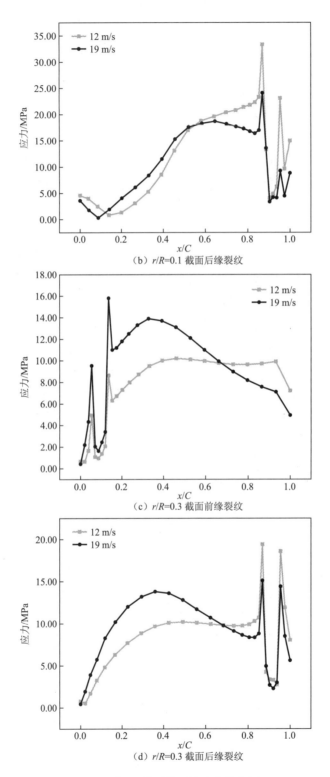

（b）r/R=0.1 截面后缘裂纹

（c）r/R=0.3 截面前缘裂纹

（d）r/R=0.3 截面后缘裂纹

图 6-11（续）　典型截面处应力分布图

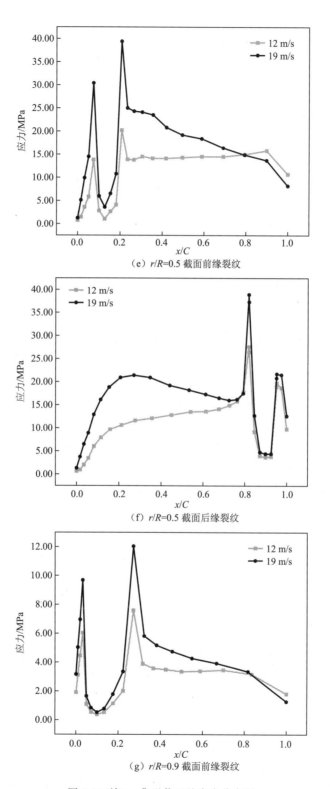

（e）r/R=0.5 截面前缘裂纹

（f）r/R=0.5 截面后缘裂纹

（g）r/R=0.9 截面前缘裂纹

图 6-11（续）　典型截面处应力分布图

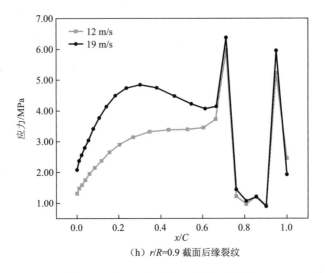

（h）r/R=0.9 截面后缘裂纹

图 6-11（续）　典型截面处应力分布图

6.2.4　裂纹分布位置对叶片模态特性的影响分析

固有频率是研究结构体承受荷载响应的一个重要参考指标，下面通过计算风力机叶片的固有频率来研究含裂纹损伤叶片的模态特性。

参照图 6-12，将 Static Structural 的计算结果导入 Modal 模块，在 Modal 模块中对风轮施加约束。首先为轮毂部分施加固定约束，然后对风轮施加重力和离心力荷载。其中，重力荷载沿 z 轴负方向；离心力荷载加载于轮毂中心，使风轮以 y 轴为中心进行旋转，其旋转方向为顺时针方向。最后定义风轮转速，设定 12 m/s 和 19 m/s 风速下风轮的转速均为 1.859 rad/s。

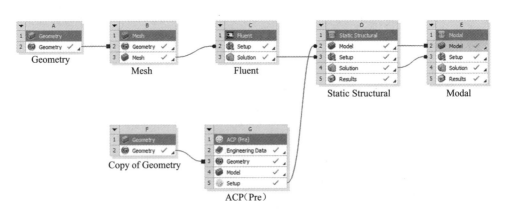

图 6-12　模态分析流程图

如图 6-13 所示，选取风轮的前五阶固有频率进行分析。以 19 m/s 风速下，含有裂纹分布于叶中($r/R=0.5$ 截面)后缘的一支叶片为例,对比分析含裂纹损伤叶片和完整叶片的模态振型。由云图可知,叶片的一阶模态振型为挥舞振型,二阶模态振型为摆阵振型,其余各阶模态振型为挥舞和摆阵的耦合振型。同时可知,完整叶片的前五阶固有频率数据分别为 0.821 73 Hz,2.152 3 Hz,2.422 4 Hz,4.227 6 Hz 和 5.861 3 Hz,损伤叶片的前五阶固有频率数据分别为 0.812 59 Hz,2.151 5 Hz,2.421 8 Hz,4.226 8 Hz 和 5.858 6 Hz,后者相对于前者分别下降了 1.112%,0.037%,0.025%,0.019% 和 0.046%,这是由叶片损伤所致。可以看出,叶片一阶频率的改变量最大,因此叶片的变形以挥舞变形为主。

对于上述现象,结合相关文献[166],可做如下分析说明:

$$M\ddot{x}+C\dot{x}+Kx=F \tag{6-1}$$

式中　M,C,K——叶片结构的质量矩阵、阻尼矩阵和刚度矩阵;

　　　$\ddot{x},\dot{x},x$——节点单元的加速度、速度和位移;

　　　F——外力矢量。

一般结构体的阻尼比较小,故阻尼矩阵可以忽略不计。同时由于固有频率的研究应考虑结构体无外载的情况,故此时外力应当为 0。因此,式(6-1)可变为:

$$M\ddot{x}+Kx=0 \tag{6-2}$$

对于位移 x,可写为如下通解形式[167]:

$$x=\boldsymbol{\varphi}\sin(\omega t+\alpha) \tag{6-3}$$

式中　$\boldsymbol{\varphi}$——结构的特征向量;

　　　ω,α——单元节点的频率特征值和相位特征值。

联立式(6-2)和式(6-3),可得:

$$K-\omega^2 M\boldsymbol{\varphi}=0 \tag{6-4}$$

当叶片出现损伤时,叶片刚度下降,K 减小,为保证式(6-5)成立,ω 也应减小,故损伤叶片的频率值较完整叶片低。

通过分析可知,频率改变量的最大值位于一阶频率处,故只研究一阶频率的改变量即可。如图 6-14 所示,绘制 12 m/s 和 19 m/s 风速下损伤叶片的一阶固有频率相对于无损伤叶片的改变量。从图中可以看出,19 m/s 风速下的频率改变值反而偏小,这说明转速对固有频率的改变有显著影响,转速越大,叶片的固有频率越大。当裂纹位于 $r/R=0.1,0.3,0.5$ 和 0.9 截面时,频率改变量同样出现激增,结合前文分析可知,叶片应力特性与模态特性具有一致性。

当裂纹分布于叶片后缘时,频率改变量比分布在前缘时大,在 $r/R=0.5$ 截面处,12 m/s 和 19 m/s 风速下,叶片的频率改变量均存在最大值,分别为 0.001 2 Hz 和 0.001 1 Hz;其次为 $r/R=0.1$ 截面,频率改变量分别为 0.001 09 Hz 和 0.000 9 Hz。这说明当叶片后缘产生裂纹时,叶片更容易产生破坏。

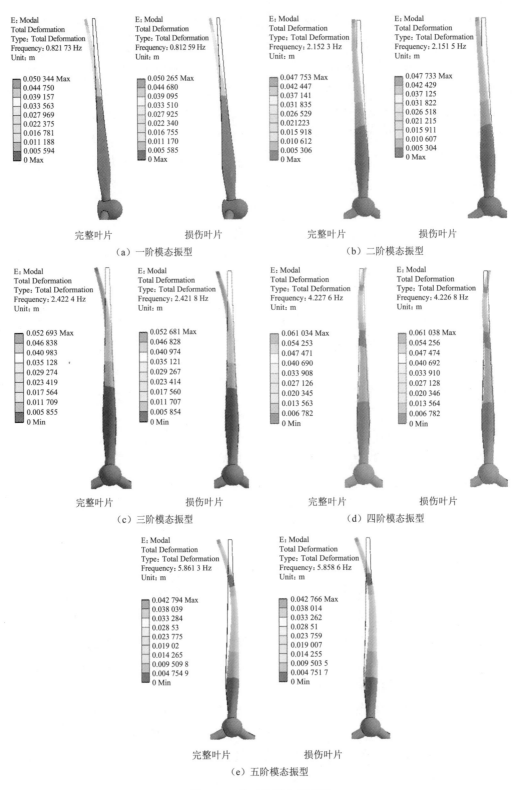

（a）一阶模态振型　　　（b）二阶模态振型

（c）三阶模态振型　　　（d）四阶模态振型

（e）五阶模态振型

图 6-13　前五阶模态振型图

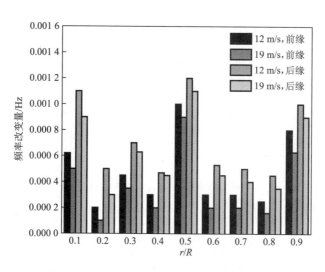

图 6-14　叶片频率改变量随裂纹分布区域的变化

6.2.5　裂纹角度对叶片应力特性的影响分析

将裂纹的分布位置设在叶根($r/R＝0.1$ 截面)前缘、叶根后缘、叶中($r/R＝0.5$ 截面)前缘和叶中后缘。选取 $0°,±30°,±60°,90°$ 共 6 个不同角度的裂纹,同时选取裂纹两个尖端的应力值,以研究裂纹角度变化对叶片应力特性的影响。

以 19 m/s 风速下,叶中前缘处的裂纹为例,如图 6-15 所示,随着裂纹角度的改变,裂纹表面应力的分布区域随之变化。当裂纹出现扩张变形时,在裂纹的两条边缘处会对称地出现应力集中区;随着裂纹角度从 $0°$ 增大到 $90°$,应力集中区从靠近中间的区域向裂纹尖端移动;至 $90°$ 时,应力完全集中于尖端,并达到最大值(39.40 MPa);随着裂纹角度进一步变化,应力集中区又开始向裂纹中间区域靠拢。

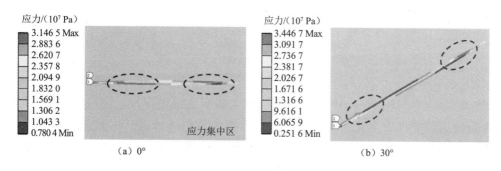

图 6-15　叶中前缘应力集中区随角度的变化

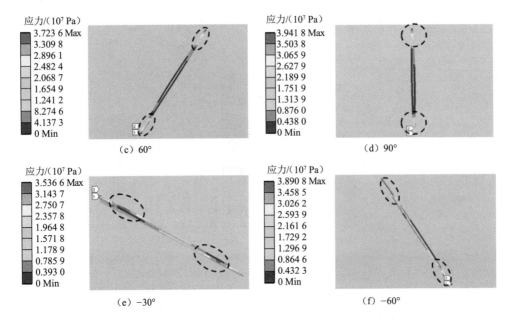

图 6-15（续）　叶中前缘应力集中区随裂纹角度的变化

取角度为 $0°,±30°,±60°,90°$ 的裂纹，定义裂纹虚线部分一端为尖端 A，实线部分一端为尖端 B（图 6-16），研究叶片变形时裂纹两尖端的应力特性差异。

对于分布在叶片后缘的裂纹，其尖端 A 有较大的应力值，而分布在前缘的裂纹则相反，应力较大的为尖端 B。这说明，对于大多数裂纹而言，当其因受力而产生扩展时，总是朝向叶片中部的尖端先扩展；而叶根前缘裂纹的应力分布存在特殊性，尖端 A 应力值大，这是由于该处位置相对厚度大，阻碍了裂纹向叶片中部扩展。

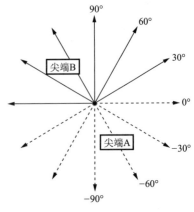

图 6-16　裂纹角度设定

对于沿 $0°$ 分布的裂纹，以图 6-17(a) 为例，12 m/s 风速下裂纹 A 端和 B 端处应力分别为 13.82 MPa 和 8.06 MPa，19 m/s 风速下裂纹 A 端和 B 端处应力为 5.30 MPa 和 4.28 MPa。根据前文的研究结果可知，叶片的变形以挥舞变形，即沿展向的变形为主，$0°$ 尖端为近变形端，有较大的应力值。正是由于裂纹两条对称边的应力集中区裂纹随角度发生了改变，随着裂纹角度向 $90°$ 变化，最大应力集中在裂纹尖端，使得 $90°$ 裂纹有最大的扩展趋势。

以 19 m/s 风速工况下叶片中部裂纹为例，在图 6-17(b) 中，$30°$ 和 $60°$ 裂纹尖端 A 处最大应力分别为 25.01 MPa，32.98 MPa，$-30°$ 和 $-60°$ 裂纹尖端 A 处最大应力分别为 19.55 MPa 和 32.01 MPa，前者大于后者。这是因为叶片的变形主要沿展向，所以对于任意角度的斜裂纹而言,其右侧尖端总是靠近加载端。30°和60°裂纹右侧尖端朝向厚度较薄的叶片后缘,在施加荷载的作用下,更易产生应力集中,同时促进了裂纹另一尖端的扩展。在图6-17(d)中,19 m/s风速工况下30°和60°裂纹两尖端B处最大应力分别为18.98 MPa和37.24 MPa,-30°和-60°裂纹两尖端B处最大应力分别为27.84 MPa和38.91 MPa,后者大于前者。这说明,在叶片后缘,角度在0°～90°之间的斜裂纹危险性大,而在叶片前缘,角度在-90°～0°之间的斜裂纹危险性大。

如图6-18所示,导致裂纹尖端产生扩展趋势的主要应力是张应力。这说明,风力机叶片表面的裂纹基本为Ⅰ型裂纹;裂纹角度越接近90°,其尖端所受张应力和剪应力越大。

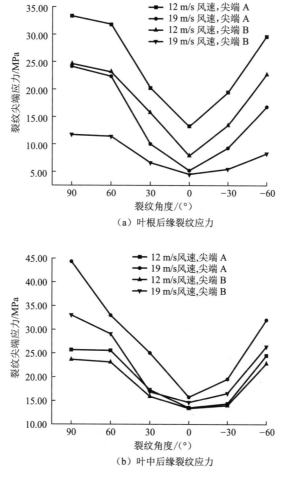

(a)叶根后缘裂纹应力

(b)叶中后缘裂纹应力

图6-17 裂纹尖端处应力随裂纹角度变化趋势图

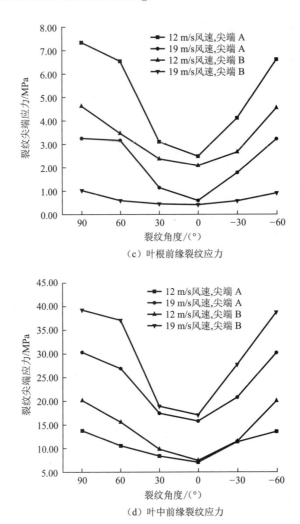

（c）叶根前缘裂纹应力

（d）叶中前缘裂纹应力

图 6-17（续） 裂纹尖端处应力随裂纹角度变化趋势图

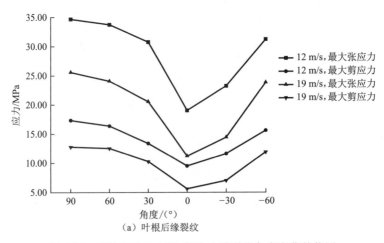

（a）叶根后缘裂纹

图 6-18 裂纹尖端最大张、剪应力随裂纹角度变化趋势图

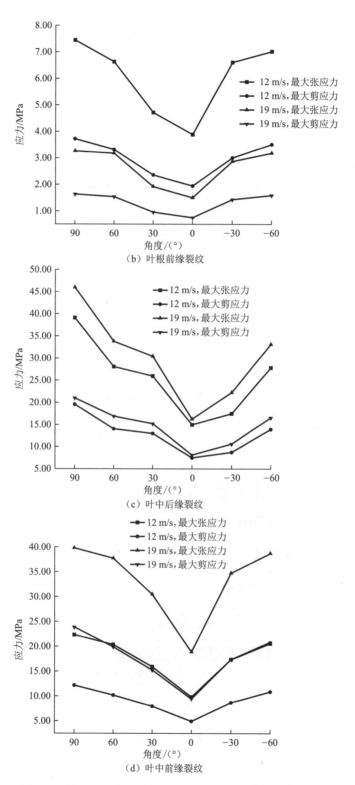

（b）叶根前缘裂纹

（c）叶中后缘裂纹

（d）叶中前缘裂纹

图 6-18（续）　裂纹尖端最大张、剪应力随裂纹角度变化趋势图

6.2.6　裂纹角度对叶片模态特性的影响分析

对比分析裂纹角度变化时叶片一阶固有频率改变量的变化情况。如图 6-19 所示，当裂纹分布于叶片后缘时，频率改变量明显比分布在前缘时大，且裂纹角度越接近 90°，叶片的频率改变量越大，越接近 0°，叶片的频率改变量越小。同时，在 12 m/s 风速下，当裂纹位于叶根后缘时，叶片频率改变量最大，为 0.001 14 Hz；在 19 m/s 风速下，当裂纹位于叶中后缘时，叶片频率改变量最大，为 0.000 93 Hz。因此，风速越高，叶中部位越易受风载作用，分布于该位置的裂纹越易因受力集中而产生扩展，进而导致叶片失效。

以 12 m/s 风速工况为例。对于分布在叶片后缘的裂纹，由图 6-19（a）和（b）可知，当叶根和叶中部位存在角度为 60° 和 30° 的裂纹时，叶片的频率改变量分别为 0.000 83 Hz，0.000 43 Hz，0.000 76 Hz 和 0.000 38 Hz；当存在角度为 −60° 和 −30° 的裂纹时，叶片的频率改变量分别为 0.000 62 Hz，0.000 35 Hz，0.000 56 Hz 和 0.000 33 Hz。由此可知，在叶片后缘，角度在 0°～90° 之间的斜裂纹危险性更大。对于分布在叶片后缘的裂纹，由图 6-19（c）和（d）可知，当叶根和叶中部位存在角度为 60° 和 30° 的裂纹时，叶片的频率改变量分别为 0.000 55 Hz，0.000 28 Hz，0.000 51 Hz 和 0.000 32 Hz；当存在角度为 −60° 和 −30° 的裂纹时，叶片的频率改变量分别为 0.000 62 Hz，0.000 32 Hz，0.000 71 Hz 和 0.000 38 Hz。由此可知，在叶片后缘，角度在 0°～−90° 之间的斜裂纹危险性更大。这与上一节中应力分析的结论是相同的，说明损伤叶片的应力与模态特性具有一致性。

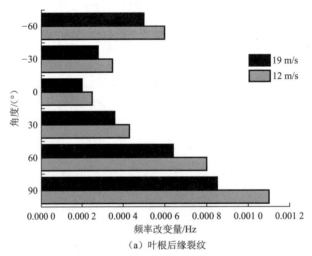

（a）叶根后缘裂纹

图 6-19　叶片频率改变量随裂纹角度变化图

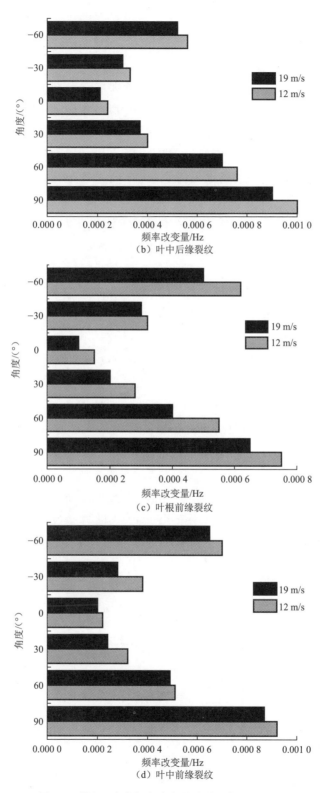

图 6-19(续)　叶片频率改变量随裂纹角度变化图

6.3　本章小结

本章基于流固耦合理论、荷载理论、滑移网格理论等,利用数值模拟软件 ANSYS 对含不同类型裂纹损伤的三维风力机叶片进行了分析,得出如下结论:

(1) 桨距角的变化主要影响叶根等受力面积大的部位,对于靠近叶根的裂纹,当桨距角减小时,叶片受力面积增大,裂纹所受应力随之增大。而叶中到叶尖部位更易受气动荷载的作用,对于分布于上述位置的裂纹,在高风速下更易因受较大应力而产生失效扩展。在叶片前缘,裂纹位于叶中 $r/R=0.5$ 截面(叶中)时,受力最大;在叶片后缘,裂纹的集中受力截面除 $r/R=0.5$ 截面外,还增加了 $r/R=0.1$ 截面(叶根)。通过与无人机实拍图片进行对比,可以说明裂纹主要集中于叶根和叶中后缘部位。

(2) 当裂纹位于 $r/R=0.3$ 和 0.9 截面位置处时,裂纹尖端的应力和叶片的频率改变量也显著增加。上述两个截面与 $r/R=0.1$ 和 0.5 截面均位于叶片的铺层分段区域,说明分布于铺层分段区域的裂纹更容易导致叶片失效。也就是说,铺层分段区域也容易导致裂纹产生。

(3) 导致裂纹扩展的主要应力为张应力。当裂纹角度发生变化时,裂纹边缘的受力集中区域会随之改变。随着裂纹角度向 90° 靠拢,受力集中区由裂纹中部逐渐向裂纹尖端靠拢。这使得沿 90°,即弦向分布的裂纹的尖端应力最大,而沿 0°,即展向分布的裂纹的尖端应力最小。初始裂纹的角度越接近 90°,其对叶片产生的风险程度越高。在叶片后缘,角度在 0°~90° 之间的斜裂纹危险性更大;在叶片前缘,角度在 0°~-90° 之间的斜裂纹危险性更大。

(4) 当叶片表面出现裂纹损伤时,叶片的刚度下降,其振动频率随之减小。裂纹的分布区域位置和角度发生变化时,叶片的频率改变量与裂纹尖端的受力大小密切相关。当裂纹位于叶片后缘时,叶片的频率改变量明显比位于前缘时大,因此分布于叶片后缘的裂纹对叶片造成的损害更大。

第7章
风力机叶片裂纹扩展机理探究

当风力机叶片表面产生初始裂纹后,由于受到复杂荷载的作用,裂纹会进一步扩展,最终使叶片断裂,导致风力机严重损坏。风力机叶片通常采用复合材料制作,一般以环氧树脂作基底、玻璃纤维作增强体铺设而成,具有各向异性,其断裂过程非常复杂。本章将裂纹的扩展简化为受单一拉伸荷载导致材料破坏的过程,将风力机叶片的材料组成简化为不同纤维方向的玻璃钢材料的堆叠,研究角度和尺寸变化对裂纹扩展特性的影响。

本章基于扩展有限元基础理论,利用 Abaqus 软件,截取含裂纹损伤的三维风力机叶片的特定片段,研究裂纹的扩展过程和扩展路径随初始裂纹参数的改变而变化的情况,并利用静力学的方法研究叶片表面裂纹的扩展机理。

7.1 物理模型

7.1.1 几何模型的建立

如图 7-1 所示,在叶片中部位置截取一长度为 1.5 m 的翼型段,利用 Solidworks 软件建立该翼型段的三维实体模型,并将模型文件导入 Abaqus 软件中。

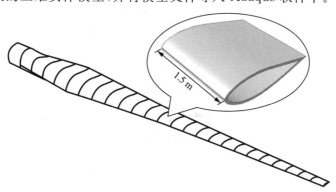

图 7-1 叶片及翼型段模型示意图

根据第 3 章所述铺层信息,叶片中部处位于铺层区域 4,则该翼型段的厚度设定为 27 mm。根据表 3-3 中所述铺层方式,对该翼型段进行铺层设计。如图 7-2 所示,在 Abaqus 软件的"部件"模块中,基于"拆分几何元素"命令对翼型段进行切分操作,共切分成 15 层,单层材料的厚度相同,均为 1.8 mm。

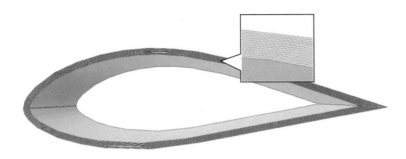

图 7-2　翼型段分层示意图

为研究叶片的铺层结构对裂纹扩展路径的影响,拟建立均质玻璃钢材料和复合玻璃钢材料两种三维模型。在"属性"模块中,基于"创建材料"命令对材料的相关属性进行赋值。参数的设定与第 3 章中保持一致,具体设定情况见表 3-4。

对于均质材料模型,定义完材料属性后,直接基于"创建截面"和"指派截面"命令为其定义材料参数。对于复合材料,定义完每一层结构的材料属性后,基于"指派材料方向"命令为各层材料定义铺层方向,铺层结构的具体设计如图 7-3 所示。

建立长 250 mm、深 10 mm 的裂纹模型。如图 7-4 所示,基于"装配"模块在翼型段结构表面设置裂纹。基于 Abaqus 扩展有限元法(XFEM)的特点,裂纹模型设置为一平面,厚度为 0。为简化计算,仅在翼型段后缘设置裂纹,即裂纹位于无因次位置 $x/C=0.9$ 处。

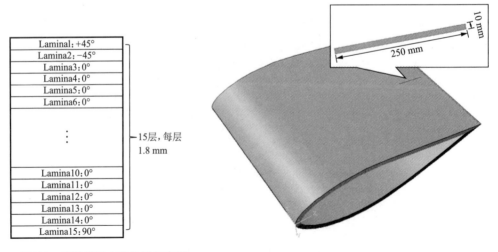

图 7-3　各层材料方向设置示意图　　　　图 7-4　裂纹设置图

7.1.2 约束及网格设置

如图 7-5 所示,在翼型段的一端添加固定约束,在另一端添加荷载约束。设置添加荷载大小为 3×10^7 Pa,方向为负向。这就将叶片的复杂形变过程简化为一简支梁受拉力荷载而发生弯曲的过程。

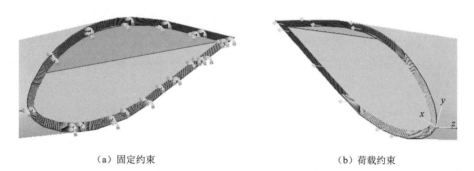

(a) 固定约束 (b) 荷载约束

图 7-5 约束设置图

为翼型段添加网格属性。网格形状设为六面体,网格类型设为扫掠,网格大小设为 1 mm,最终网格总数为 251 700 个。网格设置情况如图 7-6 所示,模型网格图如图 7-7 所示。

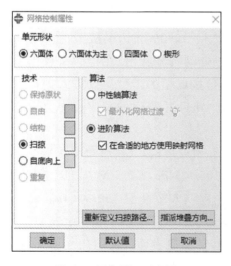

图 7-6 网格设置示意图

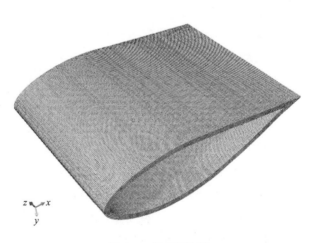

图 7-7 模型网格图

7.2　计算结果分析

7.2.1　裂纹扩展路径规律

选用各向异性均质材料和复合材料两种不同材料的翼型段进行分析研究,两种材料翼型段的大小、表面裂纹的尺寸和设定位置保持一致。由于在第4章中详细介绍了裂纹角度对其应力特性的影响规律,故为保持前后文的关联性,在翼型段表面设置角度为0°,±30°,±60°和90°的裂纹(图7-8),基于裂纹角度的变化,开展对裂纹扩展路径规律的研究。

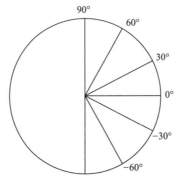

图 7-8　裂纹角度设置图

图7-9所示展示了两种材料的翼型段表面裂纹在 $3×10^7$ Pa拉力荷载下,循环100次(step=100)时不同角度裂纹的扩展情况。从图中可以明显看出,在拉力荷载作用下,裂纹均会沿近似拉力的法线方向进行扩展,也就是按典型的Ⅰ型裂纹方式进行扩展,且这一扩展规律与裂纹角度无关。也就是说,风力机叶片表面的裂纹在受力后会沿着叶片弦向扩展,直至叶片完全断裂。

从翼型段表面应力值分析来看,对于均质材料的翼型段结构,当裂纹角度从0°变化到150°时,其表面应力分别为86.35 MPa,90.03 MPa,103.6 MPa,127.5 MPa,111.7 MPa和97.11 MPa;对于复合材料的翼型段结构,当裂纹角度从0°变化到150°时,其表面应力分别为52.42 MPa,55.66 MPa,59.99 MPa,65.34 MPa,61.17 MPa和60.25 MPa。从数据的对比来看,随着裂纹角度从展向向弦向发展,翼型段表面的应力随之增大,这说明裂纹角度越接近90°,其扩展的趋势越强。同时,随裂纹的扩展,均质材料的翼型段表面应力积累比复合材料明显得多,这说明复合材料的铺层结构能够有效减少裂纹变形扩展中叶片表面的应力集中,减缓叶片的失效进度。

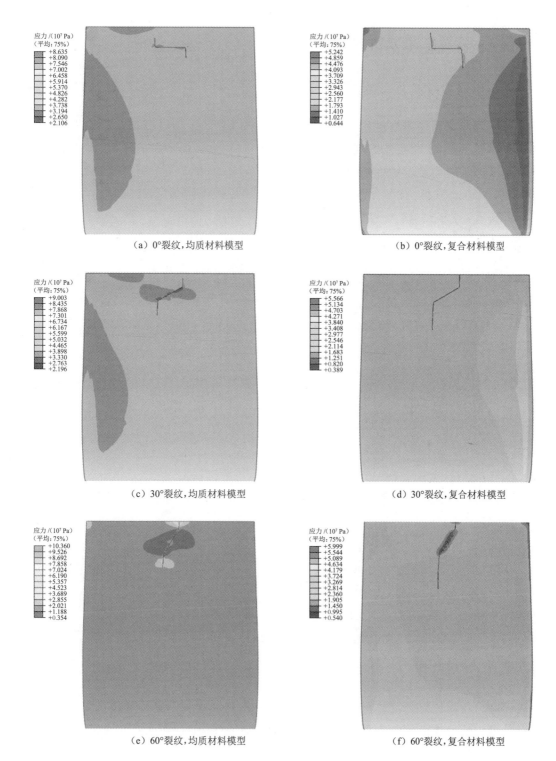

（a）0°裂纹，均质材料模型　　　　　　　（b）0°裂纹，复合材料模型

（c）30°裂纹，均质材料模型　　　　　　　（d）30°裂纹，复合材料模型

（e）60°裂纹，均质材料模型　　　　　　　（f）60°裂纹，复合材料模型

图 7-9　step＝100 时翼型段的应力分布随裂纹角度的变化

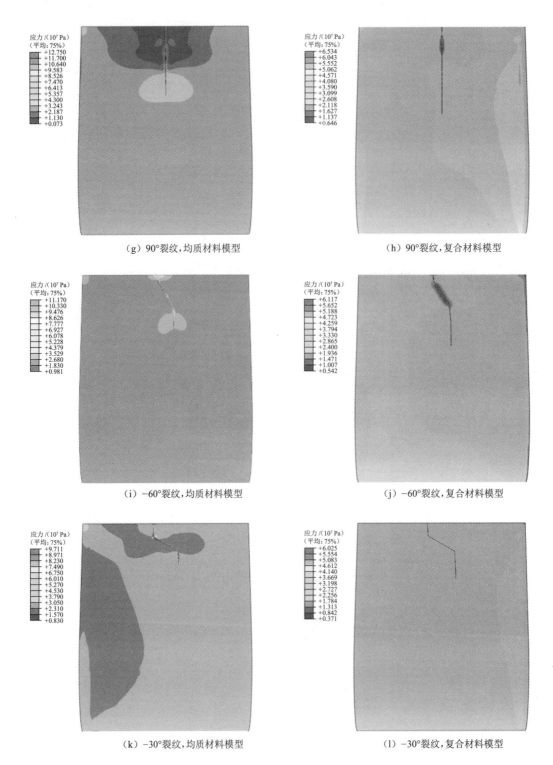

图 7-9(续)　step＝100 时翼型段的应力分布随裂纹角度的变化

以扩展后裂纹的长度与初始裂纹的长度之差作为裂纹的生长量。裂纹沿长度方向的生长度变化如图 7-10 所示。对于均质材料的翼型段结构，step＝100 时，裂纹角度从 0°变化到 150°，其长度方向的最大生长量分别为 117.543 mm，135.516 mm，179.244 mm，298.740 mm，200.162 mm 和 136.983 mm。对于复合材料的翼型段结构，step＝100 时，裂纹角度从 0°变化到 150°，其最大生长量分别为 177.715 mm，253.837 mm，299.497 mm，458.204 mm，339.262 mm 和 256.274 mm。从数据的对比可以看出，在相同的荷载作用下，复合材料表面裂纹在长度方向上的生长量更大。

沿 90°分布的裂纹，在循环次数为 30 时开始扩展；沿 60°和 120°的分布裂纹，扩展时的循环次数为 20；沿 0°，30°和 150°分布的裂纹，在循环次数为 10 时就已经开始扩展。角度为 90°的裂纹尖端距离右侧加载端最远，裂纹起裂时间最长；其次为角度±60°和±30°的裂纹；角度为 0°的裂纹尖端距离右侧加载端最近，裂纹起裂时间最短。由于 Ⅰ型裂纹沿受力法线方向扩展的特殊性质，受到拉伸荷载作用时，角度越接近 90°的裂纹，其尖端越容易产生应力集中，这证实了沿 90°分布的裂纹有最快的扩展速率。对于任意角度的斜裂纹，总是靠近加载端的尖端扩展更快。对于角度为 60°和 30°的裂纹，由于其距加载端近的尖端朝向翼型段后缘，使得该裂纹首先向翼型段后缘扩展，再向翼型段中部扩展。角度为 −60°和 −30°的裂纹则相反。由于翼型段后缘厚度相对较薄，所以角度为 60°和 30°的裂纹比 −60°和 −30°的裂纹扩展速度快，这解释了含 60°和 30°裂纹翼型段的应力比含 −60°和 −30°裂纹翼型段的应力大的原因。对于风力机叶片而言，其受力可以简化为固定叶根，沿叶片展向施加拉伸荷载的过程。因此，对于表面裂纹的两个尖端，总是靠近叶尖的一端首先出现扩展。

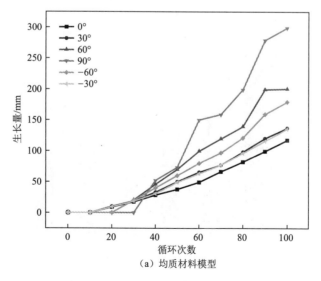

（a）均质材料模型

图 7-10　裂纹沿长度方向的生长变化图

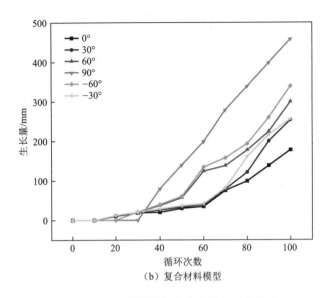

（b）复合材料模型

图 7-10（续）　裂纹沿长度方向的生长变化图

　　提取两种材料翼型段表面裂纹的起裂应力，如图 7-11 所示。通过分析可知，0°裂纹的起裂应力最大，其次为±60°和±30°的裂纹，90°裂纹的起裂应力最小。由于角度越接近 90°的裂纹尖端越容易产生应力集中，所以 90°的裂纹扩展所需起裂应力最小。复合材料模型表面裂纹扩展时尖端应力较小，故其起裂应力比均质材料模型裂纹高。同时，30°和 60°裂纹的起裂应力比−30°和−60°裂纹大，这是因为后两者的近加载端尖端靠近相对厚度薄的翼型段后缘，较容易产生扩展。

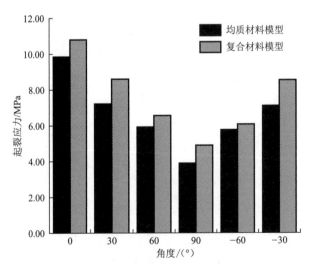

图 7-11　裂纹起裂应力随角度变化图

　　如图 7-12 所示，随着循环次数的增加，对于均质材料模型的翼型段，其表面裂纹同时沿长度和深度方向进行扩展。对于复合材料模型的翼型段,由于铺层结构的阻碍作用,其表面裂纹主要沿长度方向扩展,仅集中于叶片表面部分,而在深度方向上几乎不存在扩展,这显示了铺层结构对裂纹失效扩展的抑制作用。通过分析可以看出,风力机叶片的铺层结构能够显著减小裂纹扩展对叶片造成的损坏,减缓叶片的失效进程。

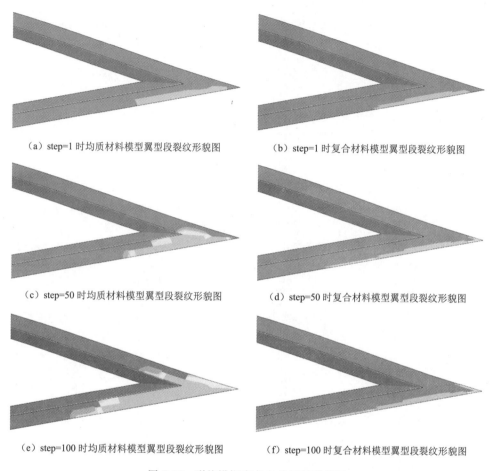

（a）step=1 时均质材料模型翼型段裂纹形貌图　　　　（b）step=1 时复合材料模型翼型段裂纹形貌图

（c）step=50 时均质材料模型翼型段裂纹形貌图　　　　（d）step=50 时复合材料模型翼型段裂纹形貌图

（e）step=100 时均质材料模型翼型段裂纹形貌图　　　（f）step=100 时复合材料模型翼型段裂纹形貌图

图 7-12　裂纹沿深度方向的扩展形貌图

7.2.2　初始长度对裂纹扩展的影响

保持裂纹深度为 10 mm 不变,通过改变裂纹的初始长度(分别为 200 mm,250 mm,300 mm,350 mm)来分析复合材料模型翼型段表面裂纹的扩展规律随裂纹初始长度的变化。图 7-13 为 30 MPa 拉力荷载下,初始长度为 250 mm 和 300 mm 的裂纹在不同循环次数时的扩展应力云图。因裂纹扩展过程中应力集中于裂纹尖端,故循环次数从 step=1 增加到 step=100。对于初始长度为 250 mm 的裂纹,其尖端最大应力分别为 20.04 MPa,50.93 MPa 和 65.34 MPa;对于初始长度为 300 mm 的裂纹,其尖端最大应力分别为 46.94 MPa,64.94 MPa 和 65.52 MPa。可见,循环次数相同时,初始长度为

300 mm 的裂纹尖端的最大应力均大于初始长度为 250 mm 的裂纹。这说明在相同的循环次数下,裂纹尖端的应力值随裂纹初始长度的增大而增加。

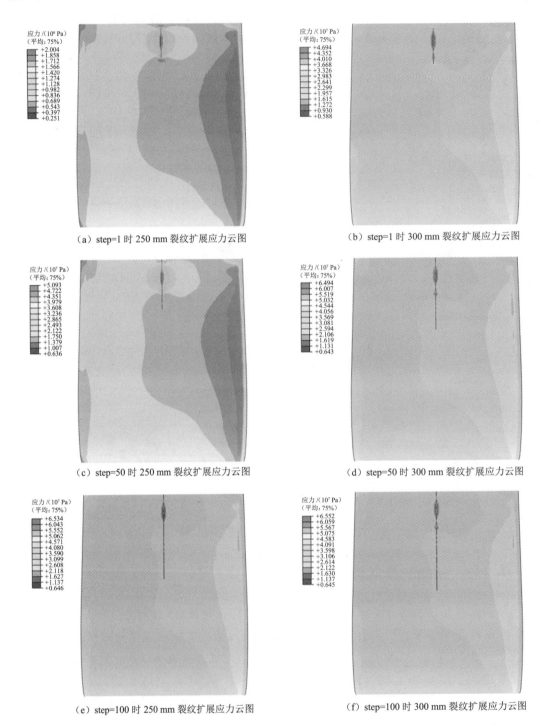

（a）step=1 时 250 mm 裂纹扩展应力云图   （b）step=1 时 300 mm 裂纹扩展应力云图

（c）step=50 时 250 mm 裂纹扩展应力云图   （d）step=50 时 300 mm 裂纹扩展应力云图

（e）step=100 时 250 mm 裂纹扩展应力云图   （f）step=100 时 300 mm 裂纹扩展应力云图

图 7-13　初始长度为 250 mm 和 300 mm 裂纹的扩展应力云图

通过改变翼型段所受拉力荷载来研究拉力荷载对裂纹扩展的影响。选取初始深度为 10 mm，长度分别为 200 mm，250 mm，300 mm 和 350 mm 的裂纹，其所受拉力荷载分别为 30 MPa，50 MPa 和 70 MPa。图 7-14 展示了不同拉力载荷下不同初始长度裂纹的起裂应力和最大生长量的变化规律。以 30 MPa 拉力荷载工况为例，裂纹初始长度从 200 mm 增加到 350 mm，其扩展起裂所需应力分别为 52.51 MPa，41.94 MPa，38.72 MPa 和 32.43 MPa，呈逐渐下降趋势。这是因为随裂纹初始长度的增加，裂纹扩展时尖端积累的应力值增大，使裂纹起裂所需应力减小。同时，应力的积累也使裂纹的扩展速率加快。随裂纹初始长度从 200 mm 增加到 350 mm，其最大生长量分别为 397.134 mm，458.204 mm，498.047 mm 和 521.078 mm，呈逐渐上升的趋势。同时可知，随着翼型段所受荷载的增加，裂纹的起裂应力逐渐下降，扩展速率逐渐提高。

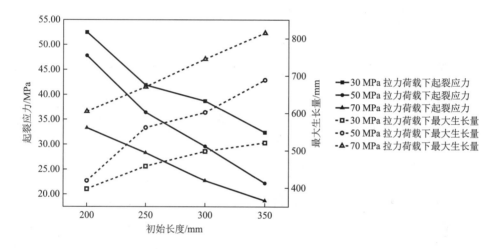

图 7-14　不同拉力荷载下不同初始长度裂纹的起裂应力和最大生长量

7.2.3　初始深度对裂纹扩展的影响

保持裂纹长度为 250 mm 不变，通过改变裂纹的深度（分别为 5 mm，10 mm，15 mm，20 mm），分析复合材料翼型段表面裂纹的扩展规律随裂纹初始深度的变化。图 7-15 展示了 30 MPa 拉力荷载下，初始深度为 15 mm 和 20 mm 的裂纹在不同循环次数下的应力云图。循环次数从 step＝1 增加到 step＝100，对于初始深度为 15 mm 的裂纹，其尖端最大应力分别为 2.244 MPa，53.93 MPa 和 72.4 MPa；对于初始深度为 20 mm 的裂纹，其尖端最大应力分别为 4.301 MPa，93.27 MPa 和 112.9 MPa。可见，循环次数相同时，初始深度为 20 mm 的裂纹尖端的最大应力均大于初始长度为 15 mm 的裂纹。这说明裂纹初始深度越深，裂纹扩展过程中尖端的应力集中现象越显著，对叶片的危害程度也越大。

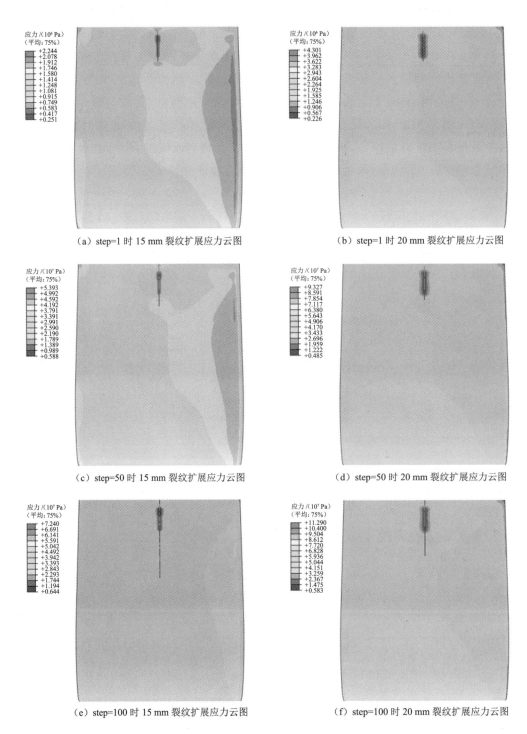

（a）step=1 时 15 mm 裂纹扩展应力云图 （b）step=1 时 20 mm 裂纹扩展应力云图

（c）step=50 时 15 mm 裂纹扩展应力云图 （d）step=50 时 20 mm 裂纹扩展应力云图

（e）step=100 时 15 mm 裂纹扩展应力云图 （f）step=100 时 20 mm 裂纹扩展应力云图

图 7-15　初始深度为 15 mm 和 20 mm 裂纹的扩展应力云图

选取初始长度为 250 mm,初始深度分别为 5 mm,10 mm,15 mm 和 20 mm 的裂纹,其所受拉力荷载为 30 MPa,50 MPa 和 70 MPa。图 7-16 展示了不同拉力荷载下不同初始深度裂纹的起裂应力和最大生长量的变化规律。以 30 MPa 拉力荷载工况为例,随裂纹的初始深度从 5 mm 增加到 20 mm,其扩展起裂所需应力分别为 33.32 MPa,41.89 MPa,53.93 MPa 和 78.81 MPa,呈逐渐上升的趋势。这是因为随裂纹初始深度的增大,裂纹扩展需要破坏的纤维层数增加,由于铺层结构的阻碍作用,所以裂纹扩展所需的应力随之增大。同时,裂纹的扩展速率也呈下降趋势。随裂纹的初始深度从 5 mm 增加到 20 mm,裂纹最大生长量分别为 671.095 mm,458.204 mm,398.438 mm 和 199.219 mm。这说明初始深度越大的裂纹扩展越困难。同时可知,随着翼型段所受拉力荷载的增加,裂纹的起裂应力仍呈下降趋势,扩展速率仍逐渐提高。

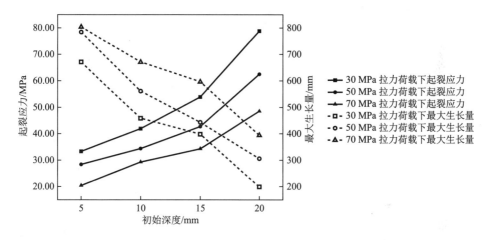

图 7-16 不同拉力荷载下不同初始深度裂纹的起裂应力和最大生长量

7.3 本章小结

本章基于扩展有限元(XFEM)法,截取叶片中部一长度为 1.5 m 的翼型段,为翼型段赋予均质和复合两种性质的玻璃钢材料,将裂纹设置于无因次位置 $x/C=0.8$ 处,研究裂纹角度变化和初始尺寸变化对其扩展规律的影响,并得出如下结论:

(1) 对于均质材料的玻璃钢翼型段,其表面裂纹在受拉伸荷载时会同时沿长度和深度方向扩展;对于复合材料的玻璃钢翼型段,其表面裂纹在受拉力荷载时仅在长度方向扩展。在相同循环次数下,均质材料表面裂纹的尖端应力远大于复合材料。这说明复合材料的铺层结构能够很好地降低叶片表面的应力集中,阻碍裂纹在深度方向上的扩展,延缓叶片因裂纹扩展导致的失效进程。

(2) 裂纹角度越接近 90°,裂纹尖端在受拉力荷载作用下越易产生应力集中,起裂所需应力越小,在相同循环次数内扩展的速率越快。裂纹角度越接近 0°,裂纹尖端在受拉力荷载作用下积累的应力越少,起裂所需应力越大,在相同循环次数内扩展的速率越慢。对于任意角度的斜裂纹,距离加载端近的尖端总是有更快的扩展速率。

(3) 随着裂纹初始长度的增加,裂纹扩展过程中尖端积累的应力增大,这使得初始长度较长的裂纹扩展所需起裂应力较小,扩展速率更快。随着裂纹初始深度的增加,裂纹扩展需要破坏的纤维层数增多,裂纹扩展变得更加困难。但初始深度越深的裂纹,其扩展过程中尖端集中的应力也越大。这说明无论是裂纹长度还是深度的增加都会加剧对叶片的破坏程度。

第8章
含裂纹损伤叶片疲劳失效判定

在风力机的运行过程中,叶片容易经受一系列复杂荷载的作用而产生应力集中,其表面的裂纹极易在应力的积累作用下扩展而使叶片失效。在无人机检测过程中,需要利用无人机拍摄的图像来识别裂纹的长、宽、深等尺寸参数,进而通过裂纹尺寸的变化来判断叶片的损坏情况,并分析叶片是否需要做进一步的维护。因此,分析叶片失效时初始裂纹的具体尺寸,可以在无人机检测时为裂纹损伤的识别提供可靠的参考依据。同时研究失效裂纹尖端应力随温度变化的改变情况,可以得到环境因素对叶片失效特性的影响规律。上述工作可以为风电场日常的检修和维护工作提供理论基础。

本章根据材料的极限应力准则,基于 ANSYS 软件进行计算。由于强风荷载下叶片更容易产生失效变化,故选择 19 m/s 强风风速作为运行工况。以分布于叶根(r/R =0.1)和叶中(r/R=0.5)后缘的弦向裂纹(90°)为研究对象,通过分析裂纹尖端应力随裂纹尺寸的变化以及失效裂纹尖端应力随温度场的改变来判定含裂纹损伤风力机叶片的疲劳失效特性。

8.1 理论基础

对于运行中的风力机叶片来说,其变形的主要形式是沿展向的挥舞变形。叶片在交变荷载下的受力可看作一杆状结构受到拉、压等不同方向的应力而致。根据材料力学[168]的相关知识可知,杆在受拉、压作用时,其横截面上的应力称为工作应力,可表达为:

$$\sigma = \frac{N}{A} \tag{8-1}$$

式中　　σ——工作应力;

　　　　N——在某个方向上的施力;

　　　　A——该方向上的受力面积。

一般而言,当受力构件尺寸一定时,随着所受荷载的增加,其工作应力随之增大,工作应力的增长与受力构件的材料密切相关。风力机叶片由玻璃钢材料按不同角度铺层而成,而玻璃钢是一种典型的脆性材料。对于脆性材料而言,当受力构件所受应力达到材料的强度极限时,材料将产生失效破坏。材料破坏理论详见4.2节。

8.2 叶片失效特性与裂纹尺寸的关系

8.2.1 物理模型的建立与边界条件的设置

如图8-1所示,对初始裂纹的尺寸参数进行定义。以弦长 C 作为裂纹初始长度的参考依据,设定裂纹的初始长度分别为 $\frac{1}{8}C$, $\frac{1}{4}C$, $\frac{3}{8}C$ 和 $\frac{1}{2}C$。以叶片厚度 δ 作为裂纹初始深度的参考依据,设定裂纹的初始深度分别为 $\frac{1}{3}\delta$, $\frac{1}{2}\delta$ 和 $\frac{2}{3}\delta$,根据表3-3所述铺层厚度,可以得知叶根和叶中部位的厚度 δ 分别为82.8 mm 和27.6 mm,则叶根处裂纹的初始深度分别为27.6 mm,41.4 mm 和55.2 mm,叶中处裂纹的初始深度分别为9.2 mm,13.8 mm 和18.4 mm。设定裂纹初始最大宽度分别为10 mm,20 mm 和30 mm。通过变换裂纹的长度、宽度和深度等参数来研究损伤叶片的应力特性与裂纹尺寸的关系。

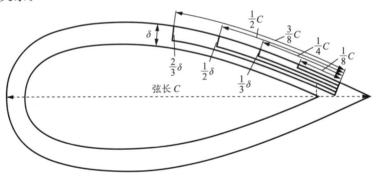

图8-1 裂纹尺寸设定图

在第4章中具体论述了裂纹处网格的加密情况,通过网格无关性验证,得出裂纹处网格大小应加密至1.5 mm 的结论。以叶根、叶中部位宽度为10 mm,深度为 $\frac{1}{3}\delta$,长度分别为 $\frac{1}{8}C$ 和 $\frac{3}{8}C$ 的裂纹为例,通过分析其尖端应力值的变化来进行网格无关性验证(表8-1)。通过验证可知,当裂纹处网格大小为15 mm 以上时,各长度裂纹尖端应力均不再发生变化。因此,本章仍将裂纹处网格的大小设置为1.5 mm。

表 8-1　裂纹尖端应力随网格数量的变化

叶根 $\frac{1}{8}C$	网格数量/个	3 014 771	3 841 268	4 984 025	5 698 742	6 224 471
	裂纹处网格大小/mm	25	20	15	10	5
	应力/MPa	37.31	37.32	37.34	37.34	37.34
叶根 $\frac{3}{8}C$	网格数量/个	6 023 862	6 651 513	7 428 175	8 747 852	9 185 235
	裂纹处网格大小/mm	25	20	15	10	5
	应力/MPa	58.66	58.68	58.72	58.72	58.72
叶中 $\frac{1}{8}C$	网格数量/个	2 941 763	3 689 120	4 756 391	5 394 881	6 014 782
	裂纹处网格大小/mm	25	20	15	10	5
	应力/MPa	47.08	47.11	47.15	47.15	47.15
叶中 $\frac{3}{8}C$	网格数量/个	5 954 783	6 542 344	7 279 196	8 674 231	9 054 796
	裂纹处网格大小/mm	25	20	15	10	5
	应力/MPa	72.41	72.50	72.55	72.55	72.55

对裂纹处网格进行加密以确保计算的精确性,如图 8-2 所示。

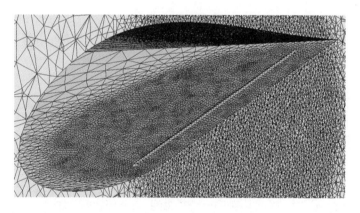

图 8-2　旋转域裂纹网格加密示意图

本章选用稳态计算法进行计算,与第 4 章的计算方法保持一致。以内蒙古自治区 12 月份气象参数为参考,设定来流密度为 1.147 kg/m³,湍流度为 7%,来流温度为 256.45 K。所选用计算模型为 SST k-ω 湍流模型,算法采用 SIMPLE 算法,差分方式为二阶迎风,残差设置为 10^{-4}。选用 12 m/s 额定风速为计算工况,通过导入 UDF 函数的方法模拟含切变风的来流。设定计算步数为 2 000 步,计算收敛后将 Fluent 的计算结果与 ACP 的铺层结果同时导入 Static Structural 模块,如图 8-3 所示。

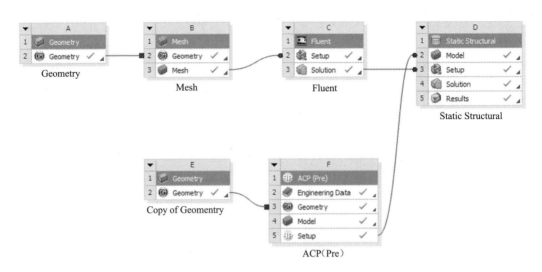

图 8-3　稳态分析流程图

8.2.2　数值模拟分析

图 8-4 为叶片应力随裂纹尺寸变化图。以叶中处裂纹为例，当裂纹深度为 $\frac{1}{3}\delta$，长度从 $\frac{1}{8}C$ 增加到 $\frac{3}{8}C$ 时，分析含裂纹损伤叶片的应力云图。由图可知，叶片表面最大应力集中于裂纹尖端，且随着裂纹尺寸的增大，叶片表面的应力在裂纹处集中的趋势越来越明显。当裂纹长度为 $\frac{1}{8}C$ 时，随裂纹宽度从 10 mm 增加到 20 mm，再增加到 30 mm，叶片表面最大应力由 47.15 MPa 增加到 47.42 MPa，再增加到 47.73 MPa。当裂纹长度为 $\frac{1}{4}C$ 时，随裂纹宽度从 10 mm 增加到 20 mm，再增加到 30 mm，叶片表面最大应力由 59.72 MPa 增加到 63.23 MPa，再增加到 66.53 MPa。当裂纹长度为 $\frac{3}{8}C$ 时，随裂纹宽度从 10 mm 增加到 20 mm，再增加到 30 mm，叶片表面最大应力由 72.55 MPa 增加到 75.53 MPa，再增加到 83.54 MPa。通过对应力数据的分析可知，随初始裂纹长度的增加，裂纹尖端的应力增大。同时，随初始裂纹宽度的增长，裂纹尖端的应力也存在增大的趋势。

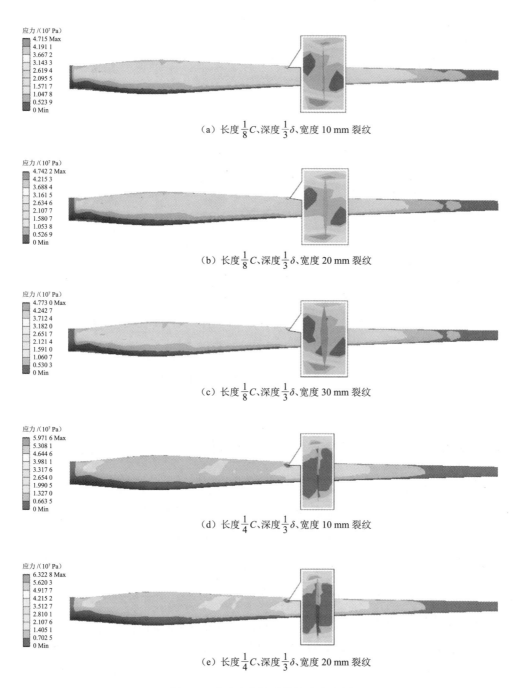

（a）长度 $\frac{1}{8}C$、深度 $\frac{1}{3}\delta$、宽度 10 mm 裂纹

（b）长度 $\frac{1}{8}C$、深度 $\frac{1}{3}\delta$、宽度 20 mm 裂纹

（c）长度 $\frac{1}{8}C$、深度 $\frac{1}{3}\delta$、宽度 30 mm 裂纹

（d）长度 $\frac{1}{4}C$、深度 $\frac{1}{3}\delta$、宽度 10 mm 裂纹

（e）长度 $\frac{1}{4}C$、深度 $\frac{1}{3}\delta$、宽度 20 mm 裂纹

图 8-4　叶片应力随裂纹尺寸变化图

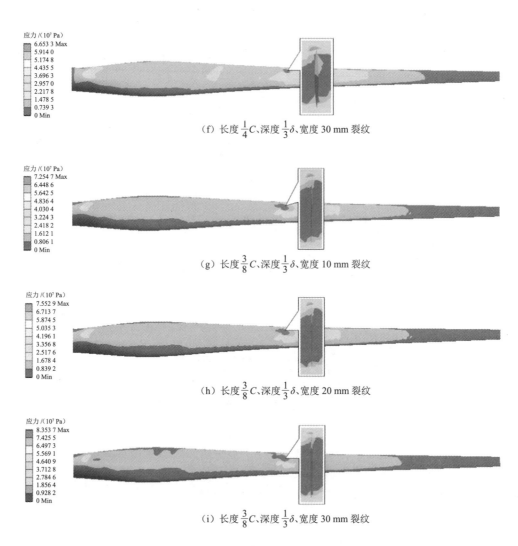

(f) 长度 $\frac{1}{4}C$、深度 $\frac{1}{3}\delta$、宽度 30 mm 裂纹

(g) 长度 $\frac{3}{8}C$、深度 $\frac{1}{3}\delta$、宽度 10 mm 裂纹

(h) 长度 $\frac{3}{8}C$、深度 $\frac{1}{3}\delta$、宽度 20 mm 裂纹

(i) 长度 $\frac{3}{8}C$、深度 $\frac{1}{3}\delta$、宽度 30 mm 裂纹

图 8-4(续)　叶片应力随裂纹尺寸变化图

根据式(4-6)可知,当风力机叶片表面所受最大应力超过许用应力时,叶片就会发生失效。也就是说,当裂纹尖端的应力大于许用应力时,叶片就处于动态失效状态。因此,可以通过分析裂纹尖端应力的大小来判断失效裂纹的具体尺寸。选取位于叶根($r/R=0.1$)和叶中($r/R=0.5$)处的裂纹,具体分析当裂纹深度进一步变化时,叶片上两个典型位置处裂纹的应力特性,结果如图 8-5 所示。

由图可知,随裂纹长度和宽度的增大,裂纹尖端的应力出现递增。由图 8-5(a)和(b)可知,对于长度为 $\frac{1}{2}C$、深度为 $\frac{1}{3}\delta$ 的裂纹,当其分布在叶根时,随裂纹宽度从 10 mm 增加到 30 mm,裂纹尖端的应力分别为 65.52 MPa,69.53 MPa 和 72.91 MPa;当裂纹分布在叶中处时,裂纹尖端的应力分别为 84.54 MPa,89.48 MPa 和 94.52 MPa。由图

8-5(c)和(d)可知,对于长度为$\frac{1}{2}C$、深度为$\frac{1}{2}\delta$的裂纹,当其分布在叶根时,随裂纹宽度从 10 mm 增加到 30 mm,裂纹尖端的应力分别为 75.83 MPa,78.71 MPa 和 83.62 MPa,当裂纹分布在叶中时,裂纹尖端的应力分别为 87.64 MPa,92.93 MPa 和 99.01 MPa。

由图 8-5(e)和(f)可知,对于长度为$\frac{1}{2}C$、深度为$\frac{2}{3}\delta$的裂纹,当其分布在叶根处时,随裂纹宽度从 10 mm 增加到 30 mm,裂纹尖端的应力值分别为 85.03 MPa,88.52 MPa 和 91.43 MPa;当裂纹分布在叶中时,裂纹尖端的应力值分别为 90.71 MPa,96.34 MPa 和 106.35 MPa。

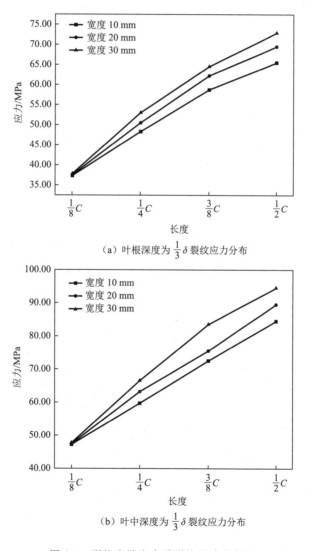

（a）叶根深度为$\frac{1}{3}\delta$裂纹应力分布

（b）叶中深度为$\frac{1}{3}\delta$裂纹应力分布

图 8-5　裂纹尖端应力随裂纹尺寸变化图

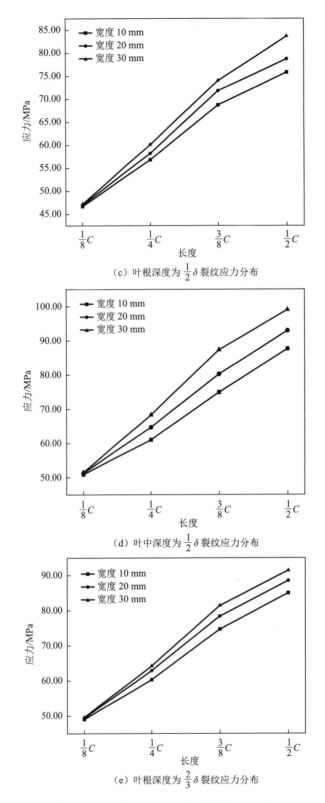

（c）叶根深度为 $\frac{1}{2}\delta$ 裂纹应力分布

（d）叶中深度为 $\frac{1}{2}\delta$ 裂纹应力分布

（e）叶根深度为 $\frac{2}{3}\delta$ 裂纹应力分布

图 8-5（续）　裂纹尖端应力随裂纹尺寸变化图

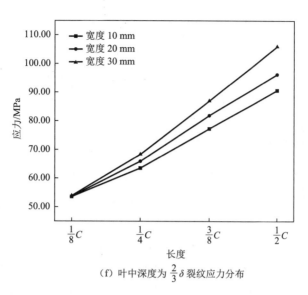

（f）叶中深度为 $\frac{2}{3}\delta$ 裂纹应力分布

图 8-5(续)　裂纹尖端应力随裂纹尺寸变化图

由数据对比可以看出,随裂纹深度的增长,裂纹尖端的应力出现增大的趋势。也就是说,裂纹的长度、宽度、深度的增加都会导致裂纹尖端的应力增大,损伤叶片的失效严重情况与裂纹尺寸的变化成正比。

由图 8-5 还可以看出,在强风风速下,叶中处裂纹尖端的应力远大于叶根处,这是由于叶根部位材料厚度大,其结构特点能很好地抵抗强气动荷载的作用,防止裂纹对叶片产生破坏。以许用应力 73.33 MPa 为界限,对于分布在叶根处的裂纹,当裂纹长度为 $\frac{1}{2}C$、深度为 $\frac{1}{2}\delta$ 时,最大宽度为 10 mm 的裂纹尖端应力已达到 75.82 MPa。因此,对于叶根处裂纹而言,要使叶片产生失效,裂纹长度需达到弦长的 1/2、深度需达到叶片厚度的 1/2。对于分布在叶中处的裂纹,当裂纹长度为 $\frac{3}{8}C$、深度为 $\frac{1}{3}\delta$ 时,最大宽度为 20 mm 的裂纹尖端应力已达到 75.51 MPa。因此,对于叶中处裂纹而言,要使叶片产生失效,裂纹长度需达到弦长的 3/8、深度需达到叶片厚度的 1/3。基于此,可以对两个典型位置处裂纹的失效临界尺寸进行判定。

8.3　失效裂纹应力、变形特性与环境温度的关系

8.3.1　流体温度场设置

分别选取长度为弦长的 3/8,最大宽度为 20 mm,深度分别为叶片厚度的 1/3,1/2 和 2/3 的裂纹,研究当裂纹位于叶中部位时,叶片应力和变形特性随流场温度的变化规律。为研究单一环境温度变化因素的影响,Fluent 模块边界条件设置中仅改变温度,

湍流度和空气密度保持不变。为保持温度研究的对称性和典型性,选取 289.85 K (16.7 ℃),256.45 K(−16.7 ℃),233.15 K(−40 ℃)和 313.15 K(40 ℃)作为流场的温度值,以研究在自然状态下处于严寒(233.15 K)、正常温度(256.45 K,289.85 K)和高温(313.15 K)中的裂纹失效特性的变化趋势。

8.3.2 典型温度下裂纹的应力及变形

在叶片刚度方面,叶片表面的最大变形量 d_{max}(一般指叶尖部分的变形量)不能超过叶片总长度 L 的 5%,即 $d_{max} \leqslant L \times 5\%$。设定 $L = 37.5$ m,则失效叶片的刚度准则规定值为 1.875 m。

如图 8-6 所示,随裂纹深度的增长,叶片表面的最大应力(裂纹尖端应力)和最大变形量均增大。由图可知,当裂纹尖端应力达到破坏极限时,叶片的最大变形量也均超过刚度准则规定值 1.875 m。这说明从应力和变形角度考虑风力机叶片的失效特性是行之有效的。以宽度为 20 mm 的裂纹为例,在 233.15 K,256.45 K,289.85 K 和 313.15 K 环境温度下,叶片表面的最大应力分别为 84.52 MPa,81.93 MPa,81.44 MPa 和 83.62 MPa,最大变形分别为 2.56 m,2.48 m,2.36 m 和 2.44 m。

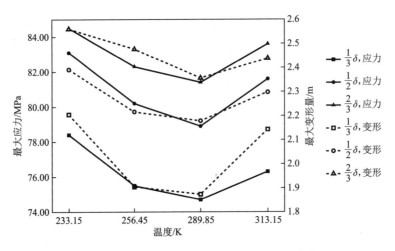

图 8-6　典型环境温度下叶片的应力和变形分布

结构失效难易程度 B 用来表征实际最大应力和实际最大变形量与许用应力和刚度准则规定值的比值,如图 8-7 所示。以深度为 $\frac{2}{3}\delta$ 的裂纹为例,由图 8-7 可知,其最大应力为许用应力的 1.15,1.12,1.11 和 1.14 倍,其最大变形量为刚度准则规定值的 1.37,1.32,1.26 和 1.30 倍。通过分析可知,低温(233.15 K,256.45 K)下叶片的最大应力和最大变形量要略大于高温(289.85 K,313.15 K),这说明低温环境对损伤叶片的受力和变形影响更大。同时,在极端环境(严寒、高温)下,损伤叶片的受力和变形有明显提升,因此环境温度的改变会加剧损伤叶片的失效进度,从而给风力机的正常运行带来极大的安全隐患。

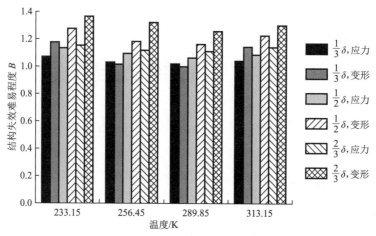

图 8-7　典型环境温度下叶片应力和变形量的增长趋势

8.4　本章小结

本节以风电场实测数据为依据,以分布于叶根($r/R=0.1$)和叶中($r/R=0.5$)后缘的弦向裂纹(90°)为研究对象,研究强风速(19 m/s)下随裂纹尺寸的变化对风力机叶片应力特性的影响。同时通过改变 Fluent 模块中温度场的设置,研究单一环境温度因素变化对含裂纹损伤叶片的应力和变形变化规律。基于此,总结含裂纹损伤叶片的失效特性,得出如下结论:

(1)随裂纹的长度、宽度和深度的增加,裂纹尖端应力均会出现增大趋势,裂纹尖端应力与裂纹尺寸的变化成正比。

(2)以许用应力 73.33 MPa 为参考依据,对于叶根处裂纹,要使叶片产生失效,裂纹长度需达到弦长的 1/2,深度需达到叶片厚度的 1/2;对于叶中处裂纹,要使叶片产生失效,裂纹长度需达到弦长的 3/8,深度需达到叶片厚度的 1/3。因此,在实际风力机叶片的检修维护工作中,应在裂纹尺寸达到上述极限之前进行修补,以防止其继续扩展,进而产生失效损伤。

严寒和高温等极端环境温度会提高叶片动态失效的风险。通过计算,发现在严寒(233.15 K)和高温(313.15 K)环境下,叶片受力和变形会显著提升。其中,前者裂纹尖端最大应力达到许用应力的 1.15 倍,叶片最大变形量达到刚度准则规定值的 1.37 倍;后者叶片最大应力达到许用应力的 1.14 倍,最大变形量达到刚度准则规定值的 1.30 倍。这说明极端低温对叶片动态失效的加剧程度更大。因此,在内蒙古地区冬季寒冷的环境温度下,应当格外注意对已产生损伤的风力机叶片进行维护,以防止极端低温加速损伤叶片的破坏。

第9章

叶片损伤检测及失效评估

9.1 无人机检测流程

对于停车状态下的风力机,叶片迎风面应力主要是由气动荷载和重力荷载的共同作用产生的,而背风面应力是由于叶片迎风面受到较大的气动荷载而导致叶片弯曲变形,使得背风面受挤压变形而产生的。

根据前文分析,停车过程风力机叶片的应力和位移明显大于启动过程,因此风力机停车过程更易发生失效损伤。首先将风力机人工停车,使其中一支叶片停在水平位置以方便无人机巡检拍照;然后利用无人机对叶片外部表面区域进行巡检拍照;最终结合风力机叶片的实际受损情况,界定其失效模式。无人机自动巡检流程如图9-1所示。

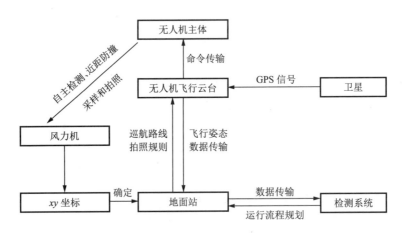

图 9-1　无人机自动巡检流程

利用无人机对风力机叶片拍照取样,并作为视觉测量算法的输入,具体工作流程为[169-175]:

（1）定位风力机风轮旋转平面位置坐标;

（2）由卫星确定无人机飞行坐标，地面站向无人机发送巡航路线及拍照规则信号；

（3）无人机根据既定规则完成风力机叶片图像采集；

（4）通过数据传输，地面站将获取的图像样本输送至检测系统。

风力机叶片巡检以大疆无人机飞行平台（含云台）作为载体，搭载 6 000 万像素摄像头。无人机通过云台固定镜头并调整飞行角度及航拍视角，具有全方位拍摄能力和良好的稳定性。图 9-2 为无人机巡检现场。无人机可自动规划飞行路径并自适应风力机停车偏航角，对整个作业面自动连续拍摄采集，并将检测图像回传。当发现损伤时，按照算法来增大损伤区域拍照的重叠率，重点观测可疑区域，并采集高清画面作为记录；若观测不清，需调用另外的无人机再次拍照，不漏过任何一个细节。

（a）无人机

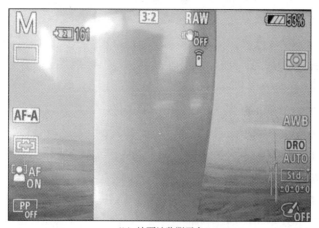

（b）地面站监测平台

图 9-2　无人机巡检

叶尖区域($r/R=0.88\sim1.00$)　　　　叶中区域($r/R=0.28\sim0.60$)　　　　叶根区域($r/R=0.00\sim0.16$)

(c) 无人机巡检拍照

图 9-2(续)　无人机巡检

9.2　叶片典型区域损伤频次研究

在强风的持久作用下,叶片会出现不同程度和不同类型的损伤。为了查看损伤情况,使用无人机对在役风力机叶片进行巡检,利用图像处理技术将叶片的外部典型问题突出展现。

实验风电场为内蒙古自治区某风电场,位于内蒙古自治区乌兰察布市,风力机机型全部为 WGTS1500A,总共 132 台风力机,4 期总容量为 200 MW,每期规模为 33×1.5 MW。场区内地形为低山丘陵、缓坡丘陵,场内建筑物及树木稀少。

实验前将待检测风力机停车,利用搭载 6 000 万像素摄像头的无人机对风力发电场的 132 台风力机依次进行巡检,最终采集到一系列叶片损伤图片。将数值模拟分析得到的叶片应力集中区域与现场观测的受损结果进行对照,综合判定叶片损伤的原因,并为叶片的检修及维护提供指导意见。

根据失效位置的分布,将风力机叶片沿展向划分为 3 个区域,分别为叶根区域($r/R=0.00\sim0.16$)、叶中区域($r/R=0.28\sim0.60$)及叶尖区域($r/R=0.88\sim1.00$)。

通过对该风力发电场 132 台风力机共 396 个叶片进行巡检,根据实际观测情况,将出现的损伤类型按照程度由轻到重的顺序排列,依次为:漆皮脱落、油污、划痕、鼓包、裂纹、胶衣开裂和雷击损伤。这些损伤形式是 WTGS1500 型 1.5 MW 风力机叶片在该风电场内最为常见且多发的失效损伤形式。

将叶片损伤的种类汇总整理,汇总风力机叶片出现损伤的常见类型(图 9-3)。本批次风力机叶片巡检总共拍摄图像 8 917 张,其中叶片损伤图像有 2 180 张,不含叶片损伤图像有 6 737 张。由计算得,含损伤图像占总图像数目的 24.45%,其中绝大多数损伤为漆皮脱落和油污,此类损伤图像共1 988张,占总图像数目的22.29%;其余为划痕、裂纹、胶衣开裂、雷击和鼓包,共192张。

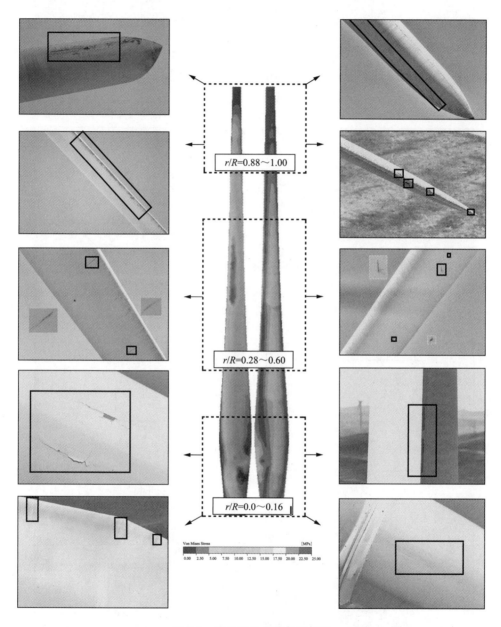

图9-3　常见叶片损伤失效情况

　　基于前文对风力机叶片应力分布规律的分析,对拍摄到的损伤图像进行识别和分类后,归纳鉴别出因应力作用而导致的叶片损伤形式为裂纹、胶衣开裂,并统计了各类损伤出现的频次,共58张图像,占总图像数目的0.65%。图9-4为因应力作用而导致的胶衣开裂现象,图9-5为因应力作用而导致的裂纹图像。

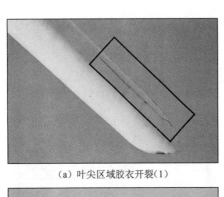
（a）叶尖区域胶衣开裂（1）

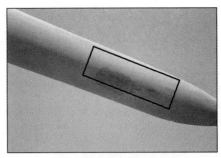
（b）叶尖区域胶衣开裂（2）

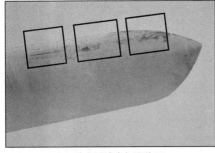
（c）叶尖区域胶衣开裂（3）

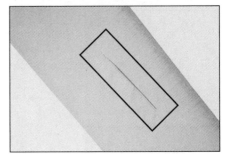
（d）叶中区域胶衣开裂

图 9-4 因应力作用而导致的胶衣开裂

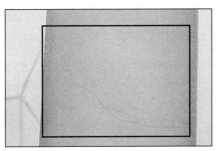
（a）叶尖区域裂纹

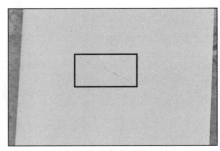
（b）叶中区域裂纹

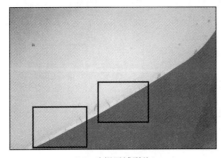
（c）叶根区域裂纹1

（d）叶根区域裂纹2

图 9-5 因应力作用而导致的裂纹

将失效情况汇总至表 9-1 和表 9-2 中。各类损伤频率和各区域某类型损伤频率按以下两式计算：

各类损伤频率＝各类损伤数量/损伤总数

各区域某类型损伤频率＝各区域某类型损伤数量/某类型损伤总数

表 9-1　应力作用导致的叶片失效汇总

因应力作用而导致损伤的类型	胶衣开裂	裂　纹
损伤图像总数/张	58	
各类损伤图像数量/张	9	49
频率/%	15.52	84.48

表 9-2　应力作用导致的叶片典型区域失效汇总

失效类型	胶衣开裂		裂　纹	
典型区域	数量/张	频率/%	数量/张	频率/%
叶根($r/R=0.00\sim0.16$)	0	0.00	43	87.75
叶中($r/R=0.28\sim0.60$)	2	22.22	5	10.20
叶尖($r/R=0.88\sim1.00$)	7	77.78	1	2.05

由表 9-1 可知,通过对因应力作用而导致的风力机叶片失效损伤图像进行甄别,发现裂纹是最频发的损伤类型,图像数量为 49 张,占因应力作用而导致损伤的 84.48%;胶衣开裂是由应力导致的另一种形式的损伤,图像数量为 9 张,占因应力作用而导致损伤的 15.52%。

按照典型区域划分,计算并总结各区域内因应力导致的主要失效损伤频率,汇总至表 9-2。胶衣开裂总共出现 9 次,在叶尖出现较多,为 7 次,出现频率为 77.78%;在叶中出现 2 次,出现频率为 22.22%;在叶根处未出现胶衣开裂现象。裂纹总共出现 49 次,在叶根出现较多,次数和频率分别为 43 次和 87.75%;在叶中出现 3 次,出现频率为 10.20%;在叶尖出现较少,次数为 1 次,频率为 2.05%。通过分析可知,叶尖区域的失效损伤形式以胶衣开裂为主,叶根区域以裂纹为主,而叶中区域胶衣开裂和裂纹均有发生,但频率较低。

根据图像统计结果,发现在所有因应力作用而导致的失效类型中,叶根区域($r/R=0.00\sim0.16$)出现裂纹的频率高达 87.75%,但该区域的裂纹较为轻微,且多存在于叶根区域尾缘的表层,这些裂纹不足以给风力机叶片造成破坏性隐患,定期对该类型裂纹进行修补便能维持风力机的正常运行,维修简便且成本较低。叶中区域($r/R=0.28\sim0.60$)出现裂纹的频率达到 10.20%,一旦叶中区域出现弦向裂纹,对叶片和整机必定带来致命性的破坏,而其维修困难且成本非常高。

对同一风电场的数百台风力机叶片损伤情况进行研究,所研究的失效模式和失效数量均具有普遍性和通用性。将通过数值模拟分析获得的叶片应力集中区域与通过观测实验获得的叶片损伤区域进行比较,发现叶片的实际损坏位置大部分位于应力集中区域,同时叶片的损伤破坏模式可以印证叶片应力特性。

9.3　停车状态下叶片失效评估

对风力机叶片的外部损伤进行检查,检测内容包括叶片漆面、前后缘是否异常等。叶片停车期间等效应力分布情况如图 9-6 所示,叶片典型失效损伤情况如图 9-7 所示。

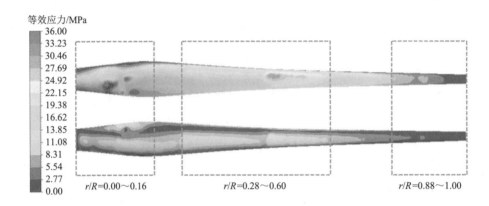

图 9-6　停车过程中风力机叶片的等效应力分布

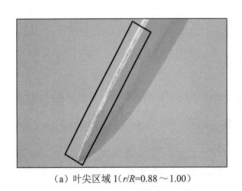
（a）叶尖区域 1(r/R=0.88～1.00)

（b）叶尖区域 2(r/R=0.88～1.00)

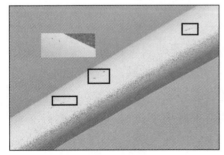
（c）叶中区域 1(r/R=0.28～0.60)

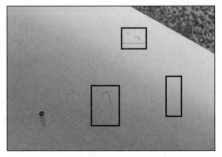
（d）叶中区域 2(r/R=0.28～0.60)

图 9-7　叶片典型失效损伤情况

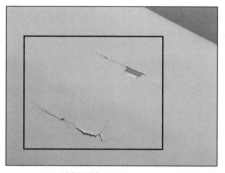
（e）叶根区域1（r/R=0.00～0.16）

（f）叶根区域2（r/R=0.00～0.16）

图9-7（续）　叶片典型失效损伤情况

　　根据图9-6和图9-7,通过对比分析观测实验结果与数值模拟结果发现,叶片实际损伤部位多位于应力集中区域,损伤失效模式能印证叶片受力特征。通过对图像的分析可知,叶根弦向褶皱、表层裂纹、叶中展向疲劳裂纹、叶尖漆皮开裂和裂缝缺口是最常见的失效方式。导致叶片产生各种失效的原因主要有交变荷载的作用、叶片应力集中、局部应力过大和铺层分段处的应力突变等。由于内蒙古地区所研究的风电场所处位置为高寒地区,常年温度较低,对风力机叶片的材料性能有一定的影响,因此叶片的失效原因与低温环境有一定的相关性。图9-8展示了低温环境下叶片的典型失效损伤形式。

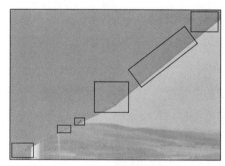
（a）尾缘裂纹

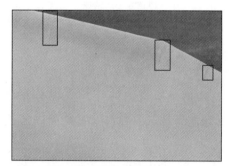
（b）最大弦长处裂纹

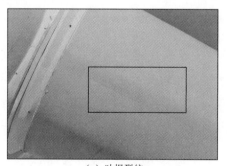
（c）叶根裂纹

图9-8　低温环境下叶片的典型失效损伤形式

结合现场观测实验结果,内蒙古地区冬季 12 月份的温度极低,低温对复合材料叶片的属性和拉压性能的影响程度更深。多重荷载的共同作用对叶片尾缘、叶片最大弦长位置及叶根位置会产生很大的影响,使叶片产生各种形式的裂纹及损伤,进而缩短叶片使用寿命,降低风机发电机组的发电效率。

通过上述分析,归纳服役末期 1.5 MW 风力机叶片易发生损伤的位置、失效模式及原因,列入表 9-3 中。

表 9-3　叶片失效模式汇总

位 置	失效模式	失效原因
叶根区域 $r/R=0.00\sim0.16$	叶根最大弦长附近: 尾缘弦向表层褶皱及破损、弦向表层裂纹	叶根迎风面表层应力大、应力集中,挥舞方向弯矩较大,循环荷载使抗疲劳强度显著下降,且低温改变了叶片材料属性,易导致出现多形式裂纹; 叶根和翼型过渡处相对厚度变化大,尾缘薄弱导致局部应力集中且应力过大
叶中区域 $r/R=0.28\sim0.60$	叶片铺层分段交接处附近: 表面疲劳裂纹; 表层裂纹、局部漆皮创口	叶片铺层交接处加工难度大,易存在层间应力集中现象,叶片逐渐疲劳后易产生各向裂纹而失效损伤; 叶片悬臂梁结构受力特点导致叶片弦向中部附近应力集中
叶尖区域 $r/R=0.88\sim1.00$	叶尖区域前缘附近: 漆皮剥落(风蚀)、胶皮开裂、局部漆皮创口、划痕	风荷载的作用使叶尖附近承受较大的剪应力,循环交变荷载的作用使叶尖受到较强的剪切作用,导致前缘漆皮脱落及开裂

由以上观测实验结果可以看出,风力机叶片的不同区域存在不同形式的失效模式。通过数值模拟得出的叶片应力分布规律,可为无人机巡检叶片提供重点监测区域,能较好地满足对风力机叶片缺陷的检测要求,并大大缩短单台风力机巡检的时间。

9.4　本章小结

(1)通过无人机对风电场中 132 台风力机进行巡检,共采集到 8 917 张图像,其中 2 180 张叶片损伤图像,损伤失效形式多种多样。探究同一风电场的数百台风力机叶片损伤情况,统计因应力作用而导致叶片失效的类型及各区域损伤姿态的频次。研究表明,含损伤图像占总图像数目的 24.45%,其中漆皮脱落和油污损伤图像共 1 988 张,划痕、裂纹、胶衣开裂、雷击和鼓包损伤图像共 192 张。应力导致的损伤为裂纹和胶衣开裂,共 58 张图像。

(2)将叶片划分为叶根区域、叶中区域和叶尖区域,汇总各区域内因应力导致的损伤频次。统计发现,叶尖的损伤形式以胶衣开裂为主,叶根以裂纹为主要损伤形式,而叶中均存在胶衣开裂和裂纹现象,但频次较低。

（3）在所有因应力作用而导致的失效类型中,叶根区域($r/R=0.00\sim0.16$)出现裂纹的频率高达 87.75%,但该区域的裂纹较为轻微,且多存在于叶根区域尾缘的表层,这些裂纹不足以给风力机叶片造成破坏性隐患,定期对该类型裂纹进行修补,便能维持风力机的正常运行,维修简单且成本较低。叶中区域($r/R=0.28\sim0.60$)出现裂纹的频率达到 10.20%,一旦叶中区域出现弦向裂纹,对叶片和整机必定是致命性的破坏,其维修困难且成本非常高。

第10章

基于 Faster R-CNN 的缺陷目标检测应用示范

目前,国内外对风力机叶片的运行维护主要还是依靠人力,如在风力机叶片处于静止时用高分辨率相机从底部拍摄照片,以及使用绳索从机舱顶部悬挂吊篮对叶片进行人工检测等。上述检测方式在效率和安全性等方面均存在很大不足,且成本高昂。为对风力机叶片损伤状态进行有效的检测识别,采用一种风电场大数据结合卷积神经网络的方法,实现对风力机叶片损伤类别的自动检测识别和分类[176,177]。利用无人机拍摄的风力机叶片图像构建风力机叶片损伤图像数据集,在 Faster R-CNN 神经网络中选取 VGGNet-16 作为特征提取网络,用于提取图像特征[178]。利用数据集训练 Faster R-CNN 神经网络,得到风力机叶片损伤检测模型,从而实现对叶片损伤的检测识别和分类[179]。

该方法预期可实现对风力机叶片损伤的自动检测识别和分类,为叶片的故障检测与维修提供参考依据。除此之外,该检测识别方法具有检测效率高、成本低的特点,对大型风电场的运维有显著的经济效益,具有重要的理论研究意义及实际应用价值。

10.1 理论模型

10.1.1 Faster R-CNN 方法简介

Ross Girshick 等[182]在 2015 年提出了 Faster R-CNN。Faster R-CNN 网络由 4 个部分构成:第一部分为卷积层(conv layers),用于提取输入图像的特征图(feature map)。第二部分为区域建议网络(region proposal networks,RPN),用于生成和筛选候选框(proposals)。RPN 共享卷积层提取出的特征图,利用锚机制在特征图上生成候选框,并判断这些候选框是否含有目标,然后使用回归机制得到粗略的候选框位置。第三部分为感兴趣区域池化层(ROI pooling lay),通过映射的方式,将 RPN 生成的候选框投影到卷积层生成的特征图上,并固定特征图大小。第四部分为分类(classification)网络,判断特征图上的候选框是否含有目标并对其进行分类,再次使用回归机制获取精确的候选框位置坐标信息。Faster R-CNN 网络的基本组成部分如图 10-1 所示。

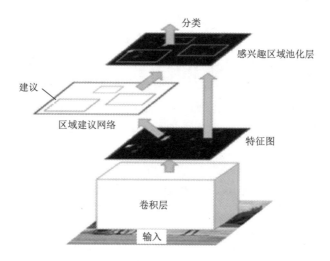

图 10-1　Faster R-CNN 网络的基本组成部分

Faster R-CNN 网络工作流程主要有以下 4 个步骤：

（1）将输入的图像缩放至固定大小 $M×N$ 并送入卷积层网络。图像在卷积层中经过一系列的卷积、池化等操作后得到特征图，用于接下来的分类和预测。

（2）将卷积层中得到的特征图输入 RPN，在 RPN 中完成候选框的生成和筛选。使用 $3×3$ 的滑动窗口遍历整个特征图，计算出每个滑动窗口中心点对应原始图像的中心点，并在原始图像中心点生成 K 个锚、$2K$ 个分数（scores）和 $4K$ 个坐标位置（coordinator）；Softmax 分类器根据生成的 $2K$ 个分数提取正向锚（positive anchors），边界回归框（bounding box regression）根据 $4K$ 个坐标位置生成偏移量；RPN 网络综合正向锚和对应边界回归框偏移量获取候选框，同时剔除太小和超出边界的候选框，至此完成对候选框的生成和筛选。

（3）进行感兴趣区域池化（ROI），即对特征图和候选框进行融合，并将特征图大小固定。感兴趣区域池化层有 2 个输入：一是卷积层输出的特征图，二是 RPN 输出的候选框（大小各不相同）。网络将 RPN 生成的候选框投影到原始特征图上，获得相应的特征矩阵，并将每个特征矩阵缩放至 $7×7$ 大小的特征图，便于固定全连接层参数。

（4）输入步骤（3）中固定大小的特征图，通过全连接层与 Softmax 分类器计算特征图中每个候选框进行判别，同时再次利用边界框回归对每个候选框进行位置偏移量回归，以得到更加精确的目标候选框。

10.1.2 VGGNet-16 特征提取网络

在上一节中提到 Faster R-CNN 网络由 4 部分构成,其中第一部分为卷积层,其主要功能为提取输入图像的特征图。从准确性、高效性和经济性方面综合权衡,此处选用 VGGNet-16 作为卷积层的特征提取网络。

VGGNet-16 源自 VGGNet。VGGNet 是包含多个级别的网络,深度从 11 层到 19 层不等。其中,VGGNet-16 有 16 层,即 13 个卷积层和 3 个全连接层。VGGNet 把网络分成 5 段,每段都由多个 3×3 的卷积网络串联在一起,每段卷积后面接一个最大池化层,最后面是 3 个全连接层和 1 个 Softmax 层。VGGNet 各级别网络结构见表 10-1。

表 10-1 VGGNet 各级别网络结构

Conv Net Configuration					
A	A-LRN	B	C	D	E
11 weight layers	11 weight layers	13 weight layers	16 weight layers	16 weight layers	19 weight layers
input(224×224RGB image)					
conv3-64	conv3-64 LRN	conv3-64 conv3-64	conv3-64 conv3-64	conv3-64 conv3-64	conv3-64 conv3-64
maxpool					
conv3-128	conv3-128	conv3-128 conv3-128	conv3-128 conv3-128	conv3-128 conv3-128	conv3-128 conv3-128
maxpool					
conv3-256 conv3-256	conv3-256 conv3-256	conv3-256 conv3-256	conv3-256 conv3-256 conv1-256	conv3-256 conv3-256 conv3-256	conv3-256 conv3-256 conv3-256 conv3-256
maxpool					
conv3-512 conv3-512	conv3-512 conv3-512	conv3-512 conv3-512	conv3-512 conv3-512 conv1-512	conv3-512 conv3-512 conv3-512	conv3-512 conv3-512 conv3-512 conv3-512
maxpool					
conv3-512 conv3-512	conv3-512 conv3-512	conv3-512 conv3-512	conv3-512 conv3-512 conv1-512	conv3-512 conv3-512 conv3-512	conv3-512 conv3-512 conv3-512 conv3-512

maxpool
FC-4096
FC-4096
FC-1000
Soft-max

　　VGGNet 是由 AlexNet 改进发展而来的,它的一个重要特点是小卷积核。VGG-Net 没有采用 AlexNet 中比较大的卷积核尺寸(如 7×7),而是通过降低卷积核的大小(3×3)、增加卷积子层数来达到同样的性能。2 个 3×3 的卷积堆叠获得的感受野大小相当于 1 个 5×5 的卷积;3 个 3×3 卷积的堆叠获取到的感受野相当于 1 个 7×7 的卷积。VGGNet 将 AlexNet 中 5×5 和 7×7 的卷积层全部去掉,替换为 2 个或 3 个相连的 3×3 卷积层。这种替换方法,一方面可以减少参数数目,另一方面相当于进行了更多的非线性映射,可以增加网络的拟合能力。VGGNet-16 网络通过反复堆叠卷积层结构和最大池化层结构,构建了 16 层卷积神经网络,随着网络层数的增加,特征提取能力得到增强。

　　综上所述,VGGNet-16 通过小卷积核堆叠代替大卷积核,减少了网络中的参数且增强了网络拟合性,具有较深的网络结构,能够更好地对图像特征进行提取,因此采用VGGNet-16 作为特征提取网络。

10.2　风力机叶片损伤图像数据集的构建

　　风力机叶片图像由内蒙古自治区某风电场提供,该风电场位于内蒙古自治区乌兰察布市,场区内地形为低山丘陵、缓坡丘陵,场内建筑物及树木稀少。该风电场装机总容量为 200 MW,风力机机型为 WGTS1500A,共 132 台。该风电场于 2009 年并网运行投产,已运行 12 年,大多数风力机组已处于服役末期。

　　将风力机叶片表面损伤分为表面结构脱落(包含漆皮脱落和胶衣脱落)、裂纹、雷击、鼓包和划痕 5 种类型。无人机共采集到 8 917 张风力机叶片图像,其中含叶片损伤图像有 2 180 张,不含叶片损伤图像有 6 737 张。含叶片损伤图像占总图像数目的24.45%,其中绝大多数为表面结构脱落(含 1 958 张图像,约占损伤图像数目的 90%),其余为划痕、裂纹、雷击和鼓包,共 192 张图像。各类损伤示例如图 10-2 所示,各类损伤的数量统计及其所在区域见表 10-2。

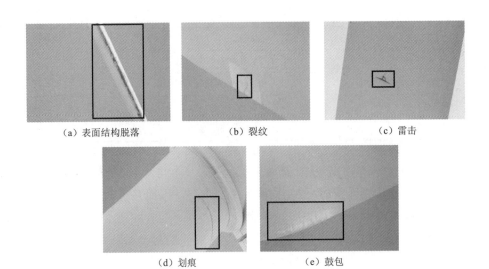

（a）表面结构脱落　　　　　　（b）裂纹　　　　　　　（c）雷击

（d）划痕　　　　　　　　（e）鼓包

图 10-2　叶片损伤示例

表 10-2　叶片损伤统计　　　　　　　　　　　　　　　　单位：张

损伤类型	损伤图像数量/张	典型损伤区域		
		叶根 ($r/R=0.00\sim0.16$)	叶中 ($r/R=0.28\sim0.60$)	叶尖 ($r/R=0.28\sim0.60$)
表面结构脱落	1 958	8	936	1 014
裂　纹	49	43	5	1
雷　击	45	0	39	6
划　痕	49	19	5	25
鼓　包	49	43	4	2

　　由于上述 5 种损伤类型的图像数量差异较大且样本量较小，在训练模型时易出现过拟合现象，需要进行数量平衡和扩充。主要采取亮度变换、水平镜像和图像旋转等方法实现对图像的扩充。完成图像扩充和数量平衡后，含损伤图像总量为 6 500 张，每种类型包含的图像为 1 300 张。

　　完成数量扩充和平衡后，需对图像进行标注处理。使用 LabelImg 图像标注工具对 6 500 张图像按照 PASCAL-VOC2007 数据集格式进行标注。LabelImg 软件的标注界面如图 10-3 所示。总的目标真实标签框（图 10-3 中所示的方框）为 9 085 个。训练集包含 4 550 张图像，目标标签框有 6 225 个；验证集包含 975 张图像，目标标签框有 1 444 个；测试集包含 975 张图像，目标标签框有 1 416 个。扩充后各数据集包含各类损伤数量情况见表 10-3。至此完成了风力机叶片损伤图像数据集的构建。

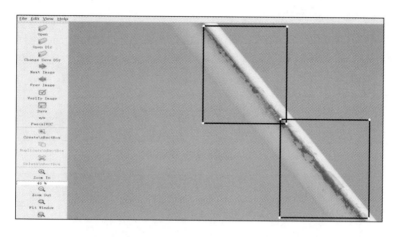

图 10-3　LabelImg 软件标注界面

表 10-3　数据集各类损伤数量情况

数据集	图像数量/张	表面结构脱落/个	裂纹/个	雷击/个	划痕/个	鼓包/个	总计/个
训练集	4 550	2 235	956	923	988	1 123	6 225
验证集	975	453	235	223	253	280	1 444
测试集	975	462	219	212	246	277	1 416
总　计	6 500	3 150	1 410	1 358	1 487	1 680	9 085

10.3　实验结果与分析

实验使用的操作系统为 Ubuntu18.04.5LTS,GPU 选用 NVIDIA Quadro P4000,深度学习框架为 Pytorch1.6.0。

首先按照 Faster R-CNN 神经网络的要求对数据库进行整理。建立文件夹层次为 data/VOCdevkit2007/VOC2007,VOC2007 下包含 3 个文件夹:Annotations(存放标注文件)、ImageSets(存放训练集、验证集和测试集的描述文档——train.txt,val.txt 和 test.txt)、JPEGImages(存放所有的图像信息)。使用小批量梯度下降法(mini-batch SGD)进行训练,学习率设置为 0.001,每经过 5 个迭代次数,学习率下降 0.1;动量设置为 0.9,权值衰减设置为 5×10^{-5},批量大小设置为 1,总共训练 60 个迭代次数。按照需求修改并运行 trainval.py 后,即可进行训练。

将待检测风力机叶片图像输入训练完成的 Faster R-CNN 检测模型中,可对叶片中的表面结构脱落、划痕、裂纹、雷击和鼓包 5 类损伤进行检测识别和分类,检测结果如图 10-4 所示。其中,左图为风力机叶片原图,右图为使用检测模型得到的结果(图内黑色字体分别为损伤类别和损伤概率)。

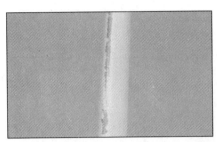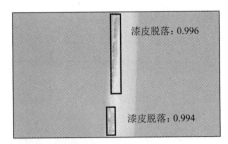

（a）漆皮脱落的检测结果

（b）雷击的检测结果

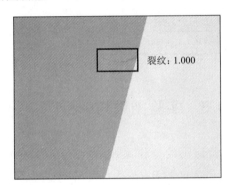

（c）裂纹的检测结果

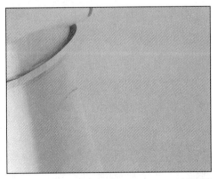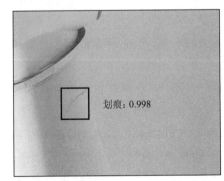

（d）划痕的检测结果

图 10-4　叶片图像的损伤检测结果

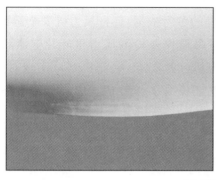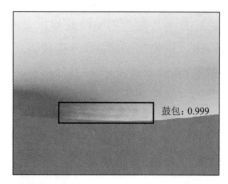

（e）鼓包的检测结果

图 10-4（续）　叶片图像的损伤检测结果

为验证方法的有效性，对 Faster R-CNN 在 975 张测试集图像上的识别结果进行统计，见表 10-4。采用准确率（precision）、召回率（recall）和平均准确率（average precision，AP）来综合衡量检测算法的效果。实验中，设定 IOU 阈值大于 0.5 即目标检测正确，式（10-1）和式（10-2）分别是准确率 P 与召回率 R 的计算公式。TP（true positives）表示模型正确检测到的目标数量，FP（false positives）表示模型错误检测到的目标数量，FN（false negatives）表示模型漏检的目标数量。在目标检测中，主要通过准确率-召回率（P-R）曲线衡量一个分类器的性能，如式（10-3）所示。AP 指的是利用不同的 P 和 R 的组合画出来的曲线下面的面积，AP 值越大，代表检测器的检测效果越好。MAP 是所有类型 AP 的均值。

$$P = \frac{TP}{TP+FP} \times 100\% \tag{10-1}$$

$$R = \frac{TP}{TP+FN} \times 100\% \tag{10-2}$$

$$AP = \int_0^1 P(R)\,\mathrm{d}R \tag{10-3}$$

表 10-4　模型的识别结果

损伤类型	表面结构脱落	裂　纹	雷　击	划　痕	鼓　包
AP	0.762	1.000	0.909	0.998	0.888
MAP	0.911				

在对风力机叶片的运维中，表面结构脱落、划痕、裂纹、雷击和鼓包 5 种损伤类型是运维人员重点关注的对象。从测试结果（表 10-4）中可以看出，对表面结构脱落、划痕、裂纹、雷击和鼓包均能得到较好的识别效果，对裂纹、雷击和划痕的检测准确率均在90%以上，整体检测准确率可达到 91.1%，基本满足对叶片损伤的检测识别和分类。

经人工近距离观察验证,该方法可精准识别风力机叶片损伤,且大大提升检测效率,可为风力机叶片的故障检测与维修提供及时准确的参考依据,保证风力机安全运行。

该检测识别模型的使用,可替代人工高空吊篮作业检测风力机叶片健康状况,提升安全系数;相较于传统的人工分析标注风力机叶片图像,检测模型可实现对图像中损伤区域的自动检测识别且具有较高精度,既能提升工作效率又能降低成本,这些特点正是目前风电场安全运维的迫切需要。

10.4　本章小结

本章针对如何实现风力机叶片损伤类别的自动检测识别和分类问题,利用风电场大数据结合卷积神经网络的方法,选取 Faster R-CNN 神经网络框架来训练获取风力机叶片损伤检测模型,其中神经网络框架的特征提取网络选用 VGGNet-16。

首先介绍了 Faster R-CNN 神经网络框架的组成及其工作流程和 VGGNet-16 特征提取网络的组成及其优势,其次阐述了风力机叶片损伤图像数据集的构建方法,最后利用叶片图像测试集对损伤检测模型进行了实验验证。实验验证结果显示:对裂纹、雷击和划痕的检测准确率均在 90% 以上,整体检测准确率可达到 91.1%。经人工近距离观察验证,该方法可精准识别风力机叶片损伤,且大大提升检测效率,可实现对叶片损伤类别的自动检测识别和分类。此外,无人机拍摄+Faster R-CNN 算法对风力机叶片损伤的识别方法为风力发电场的运维提供了新思路,具有重要的理论研究意义及实际应用价值。

第11章
总结与展望

11.1 总 结

以 1.5 MW 水平轴风力机叶片为研究对象,基于现场无人机巡检观测实验,采用数值模拟计算方法,探究了风力机叶片在强风工况下的动态响应及变工况下叶片气弹稳定性,同时研究了服役末期风力机叶片动态响应与裂纹扩展的相互作用规律。基于此,根据神经网络算法,对风力机叶片损伤图像进行识别,实现了对风力机叶片外部损伤的有效评估。主要研究结论如下:

(1) 使用 UDF 将所测量的风电场风速分布特征应用于 CFD 数值模拟中,利用 Fluent模拟,采用滑移网格技术及非稳态计算模拟叶片气动载荷分布,并采用流固耦合方法计算叶片所受应力。结果显示,单叶片在 30°方位角时应力最大,铺层分段处 $r/R=0.16$,$r/R=0.28$,$r/R=0.60$ 和 $r/R=0.88$ 截面存在明显的应力峰值,其中 $r/R=0.60$ 截面$x/C=0.30$ 位置存在最大应力(20.6 MPa)。依据最大应力准则验证了典型截面安全性,探究出最可能导致风力机叶片出现典型失效形式的应力因素。

(2) 叶片振动频率变化量与角加速度呈正相关关系,并且角加速度对二阶频率的影响明显高于对一阶频率的影响,表明风力机的振动频率会受角加速度的影响。启动期间,叶片最大位移和最大等效应力均出现在时刻 2,叶片最大位移为 0.70 m,比无角加速时的叶片位移大 7.14%;叶片最大等效应力为 22.86 MPa,比无加速时的叶片等效应力大 16.27%。停车期间,叶片最大位移和最大应力均出现在时刻 7,叶片最大位移为 1.23 m,比无角加速度的叶片位移大 37.71%;叶片最大等效应力为 32.61 MPa,比无角加速度的叶片等效应力大 26.96%。低温环境会改变材料属性参数,加剧叶片变形。

(3) 根据最大应力准则及刚度准则进行校核计算,发现叶片在停车时刻 10 发生失效的可能性更大。根据结构疲劳安全评价,启动时刻 10 的桨距角远小于其他 3 个时刻,安全系数大,该时刻下叶片不易疲劳失效。研究启动和停车变桨期间风力机叶片的荷载和变形特性,可为启停过程中叶片的安全性和可靠性提供判别指导。

（4）叶片铺层分段处的裂纹尖端应力较大，叶根和叶中的裂纹应力最为集中。低风速下叶片的桨距角较小，叶片根部受力面积大，分布于该位置的裂纹所受应力反而比高风速下大。通过模态计算，发现裂纹的存在降低了叶片的刚度，使得叶片的振动频率下降。当裂纹分布于叶片后缘时，叶片的频率改变量更大，说明后缘裂纹比前缘裂纹危害程度更高。越靠近弦向分布的裂纹，其尖端所受应力越大，扩展的趋势越强。在叶片后缘，角度在 0°～90° 之间的斜裂纹危险性更大；在叶片前缘，角度在 0°～-90° 之间的斜裂纹危险性更大。

（5）对均质和复合材料模型的翼型段表面裂纹的扩展进行分析，发现前者表面的裂纹同时沿长度和深度方向扩展，后者仅在长度方向上扩展，且均质材料表面裂纹在扩展过程中更容易产生应力集中，这说明复合材料的铺层结构能够很好地阻止裂纹扩展对叶片结构的破坏。裂纹角度越接近 90°，其尖端在受拉伸载荷作用下越容易产生应力集中，起裂所需应力越小，在相同循环步数内扩展的速率越快。随裂纹初始长度的增加，裂纹尖端积累的应力增大，提高裂纹的扩展速率。随裂纹初始深度的增大，裂纹扩展需要破坏的纤维层数增多，抑制裂纹的扩展。

（6）通过分析不同尺寸裂纹的应力变化，随裂纹的长度、宽度和深度的增加，裂纹尖端应力均出现递增趋势。裂纹尖端应力与裂纹尺寸的变化成正比。对于叶根处裂纹而言，若使叶片产生失效，裂纹长度需达到弦长的 1/2，深度需达到叶片厚度的 1/2；对于叶中处裂纹而言，若使叶片产生失效，裂纹长度需达到弦长的 3/8，深度需达到叶片厚度的 1/3。严寒和高温等极端环境温度可使叶片尖端应力增大，同时叶片变形增大。低温环境对叶片动态失效的加剧程度更大，因此应注意在低温环境下对已产生损伤的风力机叶片进行维护，以防止温度下降加速损伤叶片的破坏。

（7）对比实拍图像与模拟结果，判断出叶根迎风面应力集中是造成弦向表层疲劳褶皱和裂纹的原因，叶中弦向中部附近应力过大易导致表层出现裂纹及局部创口等，叶尖剪应力易导致前缘漆皮剥落及胶衣开裂。叶片应力集中区与实际损伤位置实现了匹配，增大了典型失效区域的图像拍摄重叠率，减少了不易出现损伤位置的拍照图像重叠率，提高了巡检效率。

（8）通过无人机搭载 6 000 万像素高清摄像头，对风电场中现役的 132 台风力机进行巡检，共采集到 8 917 张图像，其中不含叶片损伤图像有 6 737 张，含叶片损伤的图像有 2 180 张，失效损伤形式姿态万千。探究同一风电场的数百台风力机叶片损伤情况，研究样本大且具有通用性和普遍性。同时统计了因应力作用而导致的叶片损伤类型及不同区域的损伤姿态出现的频次。由计算得，含损伤图像占总图像数目的 24.45%，绝大多数为漆皮脱落和油污等，共 1 988 张图像，占总图像数目的 22.29%；其余损伤为雷击、鼓包、划痕、裂纹和胶衣开裂，共 192 张。其中，因应力作用而导致的损伤形式为裂纹和胶衣开裂，两项图像共 58 张，占总图像数目的 0.65%。

（9）将叶片划分为叶根区域、叶中区域和叶尖区域，汇总各区域内因应力导致的损伤频次。胶衣开裂总共出现9次,在叶尖出现7次,出现频率为77.78%;在叶中出现2次,出现频率为22.22%;在叶根未出现胶衣开裂现象。裂纹总共出现49次,在叶根出现较多,次数和频率分别为43次和87.75%;在叶中出现3次,出现频率为10.20%;在叶尖出现1次。统计发现,叶尖以胶衣开裂为主要损伤形式,叶根以裂纹为主要损伤形式,而叶中胶衣开裂和裂纹均有发生,但频次较低。

(10)虽然某区域内的裂纹出现频率高,却未必代表损伤程度严重。根据图像统计结果发现,在所有因应力作用而导致的失效类型中,叶根区域($r/R=0.00\sim0.16$)出现裂纹的频率高达87.75%,但该区域的裂纹较为轻微,且多存在于叶根区域尾缘的表层,这些裂纹不足以对风力机叶片带来破坏性隐患,定期对该类型裂纹进行修补,便能维持风力机的正常运行,维修方便且成本较低。叶中区域($r/R=0.28\sim0.60$)出现裂纹的频率达到10.20%,由现场勘查结果来看,一旦叶中区域出现弦向裂纹,对叶片和整机必定是致命的破坏,维修不便且成本非常高。

(11)介绍了Faster R-CNN神经网络框架的组成及其工作流程和VGGNet-16提取网络的组成及其优势,阐述了风力机叶片损伤图像数据集的构建方法,并利用叶片图像测试集对损伤检测模型进行了实验验证。实验结果显示:对裂纹、雷击和划痕的检测准确率均在90%以上,整体检测准确率可达到91.1%。经人工近距离观察验证,该方法可实现对叶片损伤类别的自动检测识别和分类,且具有较高的检测精度,同时也大大提升了检测效率。此外,无人机拍摄+Faster R-CNN算法对风力机叶片损伤的检测识别方法为风力发电场的运维提供了新思路,具有重要的理论研究意义及实际应用价值。

11.2 展 望

本书利用数值模拟方法,研究了强风工况下1.5 MW大功率水平轴风力机叶片的动态特性,探究了含裂纹损伤风力机叶片的应力、模态特性,分析了复合材料结构表面裂纹的扩展机理,最后引出对损伤叶片动态失效特性的研究,计算结果较为准确且具有较高的工程应用价值。但由于时间限制,许多工作仍未深入开展,现归纳如下:

(1)根据风力机叶片生产厂家提供的1.5 MW水平轴风力机叶片翼型数据,以实际叶片的扭角、各截面翼型相对厚度等参数构建了风轮完全气弹模型。后续的研究中应包含1.5 MW水平轴风力机的建模,包括塔架、发电机等部件的建模及装配,以更好地结合风力机实际情况,并考虑刚柔耦合后的整机动态响应。

(2)对风力机风轮结构及叶片进行了实体建模,基于ANSYS Workbench中的ACP(Pre)模块对风力机叶片壳体进行了铺层设计,并通过计算模型的验证,为后续的数值计算提供了可靠的计算模型。将数值模拟结果与叶片实际损伤情况相结合,共同界定风力机叶片外部的失效模式,后续研究中可以充分考虑风力机叶片内部结构,并考虑叶片内部失效损伤的计算及屈曲分析,对叶片有宏观的分析方法;引入疲劳累积损伤准则,通过算法计算考量叶片的疲劳特性,为工程上对风力机叶片的巡检提供有价值的参考。

(3)后续的数值计算工作需要进行大量的瞬态计算,探究动态下的叶片受力及变形规律;考虑启动和停车过程中转速的瞬间变化情况,编译切合实际的风轮转速 UDF,模拟风力机风轮结构在启停过程中的转速变化规律;采用双向流固耦合数值模拟方法更精确地展示风力机叶片的荷载规律。

(4)参照风电厂家提供的参数和相关参考文献,对叶片进行了铺层设计,但为了简化计算,对铺层结构的设计是理想化的。同时,将流场设置为理想流体,仅通过设置切变来流,定义来流温度、空气密度和湍流度等方法进行分析。因此在后续研究中,应当严格按照实际风力机的铺层方法对叶片进行铺层;考虑复杂风模型的设定,通过引入两相流的方法,研究来流中的砂砾和雨滴对叶片的作用,使研究更加贴近实际。

(5)在后续的研究中,应加入对风力机叶片实体模型的试验分析,利用风洞试验方法研究损伤叶片的气动特性规律。同时,应当考虑启停过程中加速度对裂纹尖端应力的影响,以判断瞬间加减速对裂纹扩展的促进作用。

(6)基于工程应用和工程价值角度来看待研究科技项目后续拟开展的工作。将之前通过搭载单反摄像头的无人机拍照采集到的大量实拍图像汇总起来,并对每张图片进行裂纹损伤等级的划分和种类的区分,建立更加系统化的风力机叶片检测数据库和图像处理方法。这样在未来的研究中,将出现损伤的风力机叶片图像直接导入所研发的图像识别系统中,即可快速识别叶片的失效损伤特征及损伤等级,同时系统可以快速且准确地导出风力机叶片损伤图像的检查报告。

参 考 文 献

[1] 李耀华,孔力.发展太阳能和风能发电技术,加速推进我国能源转型[J].中国科学院院刊,2019,34(4):426-433.

[2] 朱蓉,王阳,向洋,等.中国风能资源气候特征和开发潜力研究[J].太阳能学报,2020,41(6):1-11.

[3] Global Wind Report 2019[EB/OL]. https://gwec.net/global-wind-report-2019/. 2019-04-01.

[4] 胡志坚,刘如,陈志.中国"碳中和"承诺下技术生态化发展战略思考[J].中国科技论坛,2021,2(5):14-20.

[5] WANG J F,CHEN C F,ZHANG S,et al. Research on reactive power compensation configuration of wind farm integration[J]. IOP Conference Series:Earth and Environmental Science,2021,701(1):012083(9pp).

[6] CHEN X,QIN Z W,YANG K,et al. Numerical analysis and experimental investigation of wind turbine blades with innovative features:Structural response and characteristics[J]. Science China Technological Sciences,2015,58(1):1-8.

[7] CHEN X F,YAN R Q,LIU Y M. Wind turbine condition monitoring and fault diagnosis in China[J]. IEEE Instrumentation & Measurement Magazine,2016,19 (2):22-28.

[8] ISHIHARA T,YAMAGUCHI A,TAKAHARA K,et al. An analysis of damaged wind turbines by typhoon maemi in 2003[A]. The Sixth Asia-Pacific Conference on Wind Engineering(APCWE-Ⅵ),Seoul,Korea,2005:1413-1428.

[9] VERMA A S,VEDVIK N P,HASELBACH P U,et al. Comparison of numerical modelling techniques for impact investigation on a wind turbine blade[J]. Composite Structures,2019,209:856-878.

[10] 王大光.风电机组使用寿命与增速齿轮箱的设计要求[J].风力发电,2004,20 (3):19-20.

[11] 陈雪峰,郭艳婕,许才彬,等.风电装备故障诊断与健康监测研究综述[J].中国机械工程,2020,31(2):53-67.

[12] BURTON T,JENKINS N,SHARPE D,et al.风能技术[M].2版.北京:科学出版社,2014.

[13] SØRENSEN B F,JØRGENSEN E,DEBEL C P,et al. Improved design of large wind turbine blade of fibre composites based on studies of scale effects (Phase 1). Summary report[R]. Roskilde:Risø National Laboratory,2004.

[14] 郭万龙.大型风电机组叶片损坏原因及对策[J].电力安全技术,2014,16(5):10-13.

[15] BURTON T,SHARPE D,JENKINS N,et al. Wind energy handbook[M]. New York:John Wiley & Sons Ltd. ,2001.

[16] MURTAGH P J,BASU B,BRODERICK B M. Along-wind response of a wind turbine tower with blade coupling subjected to rotationally sampled wind loading[J]. Engineering Structures,2005,27(8):1209-1219.

[17] ZHU J,CAI X,PAN P,et al. Static and dynamic characteristics study of wind turbine blade[J]. Advanced Materials Research,2012,433-440:438-443.

[18] FERNANDEZ G,USABIAGA H,VANDEPITTE D. An efficient procedure for the calculation of the stress distribution in a wind turbine blade under aerodynamic loads[J]. Journal of Wind Engineering and Industrial Aerodynamics,2018,172:42-54.

[19] JIANG X,GAO Z,WANG J,et al. Experiment on correlation of wind turbine strain and tower vibration[J]. Journal of Drainage & Irrigation Machinery Engineering,2017.

[20] FANG Z H,LIU X Y. The vibration modal displacement component method of identifying the crack damage from simple supported beam[J]. Advanced Materials Research,2014,919-921:355-358.

[21] SEBASTIAN C M,E LÓPEZ-ALBA,PATTERSON E A. A comparison methodology for measured and predicted displacement fields in modal analysis[J]. Journal of Sound and Vibration,2017,400:354-368.

[22] KIM H I,HAN J H,BANG H J. Real-time deformed shape estimation of a wind turbine blade using distributed fiber bragg grating sensors[J]. Wind Energy,2013,17(9):1455-1467.

[23] ZHANG J P,GUO L,WU H,et al. The influence of wind shear on vibration of geometrically nonlinear wind turbine blade under fluid-structure interaction[J]. Ocean Engineering,2014,84:14-19.

［24］ ZHANG J P,LI D L,LIU Y,et al. Dynamic response analysis of large wind tur-
bine blade based on development speed model［J］. Advanced Materials Re-
search,2011,347-353:2330-2336.

［25］ DOU H,ZHOU H F,QIN L Z,et al. Test and analysis of full-field 3D deforma-
tion for a wind turbine blade［J］. Acta Energiae Solaris Sinica,2015.

［26］ DENG Y,XIE T,ZHANG G,et al. Blade tip deflection calculations and safety
analysis of wind turbine［C］. 2nd IET Renewable Power Generation Conference
(RPG 2013),IET,2014.

［27］ CHENG Y,XUE Z,WANG W,et al. Numerical simulation on dynamic response
of flexible multi-body tower blade coupling in large wind turbine［J］. Energy,
2018:S0360544218305462.

［28］ WANG X P,HU X B,ZHOU H F,et al. Experimental study on static character-
istics of wind turbine blade with digital image correlation method［J］. Journal of
Applied Optics,2015,36(5):811.

［29］ ZHOU B,WANG X,ZHENG C,et al. Finite element analysis for the web offset
of wind turbine blade［J］. IOP Conference Series:Earth and Environmental Sci-
ence,2017,63:012011.

［30］ CHOUDHURY S,SHARMA T,SHUKLA K K. Effect of orthotropy ratio of
the shear web on the aero-elasticity and torque generation of a hybrid wind tur-
bine blade［J］. Renewable Energy,2017,113:1378-1387.

［31］ DIMITROV N,NATARAJAN A,KELLY M. Model of wind shear conditional
on turbulence and its impact on wind turbine loads［J］. Wind Energy,2015,18
(11):1917-1931.

［32］ DAI J C,HU Y P,LIU D S,et al. Aerodynamic loads calculation and analysis for
large scale wind turbine based on combining BEM modified theory with dynamic
stall model［J］. Renewable Energy,2011,36(3):1095-1104.

［33］ SANTO G,PEETERS M,van PAEPEGEM W,et al. Dynamic load and stress
analysis of a large horizontal axis wind turbine using full scale fluid-structure in-
teraction simulation［J］. Renewable Energy,2019,140:212-226.

［34］ WEN B,WEI S,WEI K,et al. Power fluctuation and power loss of wind tur-
bines due to wind shear and tower shadow［J］. Frontiers of Mechanical Engi-
neering,2017,12(3):321-332.

［35］ CHENG Y,XUE Z,JIANG T,et al. Numerical simulation on dynamic response
of flexible multi-body tower blade coupling in large wind turbine［J］. Energy,
2018,152:601-612.

[36] MACQUART T,MAHERI A,BUSAWON K. Microtab dynamic modelling for wind turbine blade load rejection[J]. Renewable Energy,2014,64:144-152.

[37] MEHMET BILGILI,ABDULKADIR YASAR. Performance evaluation of a horizontal axis wind turbine in operation[J]. International Journal of Green Energy,2017,14(12):1048-1056.

[38] ZHU R S,ZHAO H L,PENG J Y,et al. A numerical investigation of fluid-structure coupling of 3 MW wind turbine blades[J]. International Journal of Green Energy,2016,13(3):241-247.

[39] SEDIGHI H,AKBARZADEH P,SALAVATIPOUR A. Aerodynamic performance enhancement of horizontal axis wind turbines by dimples on blades[J]. Energy,2020,195:117056.

[40] BAE S Y,KIM Y H. Structural design and analysis of large wind turbine blade[J]. Modern Physics Letters B,2019,33:1940032.

[41] YANGUI M,BOUAZIZ S,TAKTAK M,et al. Experimental updating of a segmented wind turbine blade numerical model using the substructure method[J]. The Journal of Strain Analysis for Engineering Design,2020,56(2):67-75.

[42] JOHNSON E L,HSU M C. Isogeometric analysis of ice accretion on wind turbine blades[J]. Computational Mechanics,2020,66(6):311-322.

[43] ULLAH H,ULLAH B,RIAZ M,et al. Structural analysis of a large composite wind turbine blade under extreme loading[C]. 2018 International Conference on Power Generation Systems and Renewable Energy Technologies,DTU,Lyngby,Denmark,2018.

[44] SHEN X,ZHU X,DU Z. Wind turbine aerodynamics and loads control in wind shear flow[J]. Fuel and Energy Abstracts,2011,36(3):1424-1434.

[45] FU B,ZHAO J,LI B,et al. Fatigue reliability analysis of wind turbine tower under random wind load[J]. Structural Safety,2020,87:101982.

[46] GUO S X,LI Y L,CHEN W M. Analysis on dynamic interaction between flexible bodies of large-sized wind turbine and its response to random wind loads[J]. Renewable Energy,2021,163:123-137.

[47] WANG H,KE S T,WANG T G,et al. Typhoon-induced vibration response and the working mechanism of large wind turbine considering multi-stage effects[J]. Renewable Energy,2020,153:740-758.

[48] LIU X. Dynamic response analysis of the blade of horizontal axis wind turbines[J]. Journal of Mechanical Engineering,2010,46(12):813-821.

[49] LIU W,SU Z,LONG C,et al. Dynamic response of wind turbine compliance

multi-body system based on influence of structure parameter[J]. Acta Energiae Solaris Sinica,2012,33(7):1088-1093.

[50] 吴攀,李春,李志敏.风力机不同风况的动力学响应研究[J].中国电机工程学报,2014,34(26):4539-4545.

[51] 赵荣珍,芦颉,苏利营.风力机旋转叶片的刚柔耦合动力学响应特性分析[J].兰州理工大学学报,2016,42(6):36-42.

[52] 白叶飞,汪建文,赵元星.风力机叶片叶根应力集中区应力状态实验研究[J].太阳能学报,2017(12):3406-3411.

[53] 侯西,张锦光,胡业发.小型风力机叶片的流场仿真和应变实验研究[J].武汉理工大学学报(信息与管理工程版),2013,35(1):15-18.

[54] 关新,石磊,梁斌,等.基于 ANSYS 的风力机叶片疲劳可靠性设计[J].沈阳工程学院学报(自然科学版),2019,15(2):5-7.

[55] 付慧.小型风力机叶片建模及其双向耦合仿真分析[D].西安:西安理工大学,2018.

[56] 周兴.大气边界层实验模拟及水平轴风力机叶片动力学特性实验研究[D].武汉:华北科技大学,2016.

[57] 陈晓明,康顺.偏航和风切变下风力机气动特性的研究[J].太阳能学报,2015,36(5):1105-1111.

[58] 王胜军,张明明,刘梦亭,等.切变入流风况下风力机尾流特性研究[J].工程热物理学报,2014,35(8):1521-1525.

[59] 张彪.强风作用下大功率风力机的振动响应研究[D].杭州:浙江大学,2011.

[60] 付德义,薛扬,边伟,等.风切变指数对于风电机组荷载特性影响研究[J].太阳能学报,2018,39(5):1380-1387.

[61] 徐苾璇,吕超.风切变对风机塔架的荷载和结构分析的影响[J].太阳能学报,2012,33(7):1117-1122.

[62] 贾娅娅,练继建,王海军.风轮仰角对风力机气动性能的影响研究[J].太阳能学报,2018,39(4):1135-1141.

[63] 任年鑫,李炜,李玉刚.台风作用下近海风力机叶片空气动力荷载研究[J].太阳能学报,2016,37(2):322-328.

[64] 张亚楠,周勃,孙成才,等.基于流固耦合的风力机叶片疲劳破坏分析[J].重型机械,2017,36(2):26-29.

[65] 宋力,党永利,谢晓凤,等.基于流固耦合的风力机叶片模拟分析[J].可再生能源,2019,37(10):128-132.

[66] 张建平,李冬亮,韩熠.大型风力机叶片在不同平均风速作用下的挠度及应力分析[J].可再生能源,2012,30(7):37-40.

[67] 赵元星,汪建文,白叶飞,等.切变来流下风力机叶片应力耦合性分析[J].工程热物理学报,2019,40(11):122-129.

[68] 丁宁.风机叶片气动弹性分析与裂纹损伤识别[D].大连:大连理工大学,2015.

[69] WINSTROTH J,SEUME J. Wind turbine rotor blade monitoring using digital image correlation:Assessment on a scaled model[C].32nd ASME Wind Energy Symposium,2014.

[70] HAMDI H,MRAD C,HAMDI A,et al. Dynamic response of a horizontal axis wind turbine blade under aerodynamic,gravity and gyroscopic effects[J].Applied Acoustics,2014,86(12):154-164.

[71] KE S,WANG T,GE Y,et al. Wind-induced fatigue of large HAWT coupled tower-blade structures considering aeroelastic and yaw effects[J].The Structural Design of Tall and Special Buildings,2018,27(9):1-14.

[72] RUMSEY M A,PAQUETTE J A. Structural health monitoring of wind turbine blades[C].Smart Sensor Phenomena,Technology,Networks & Systems,International Society for Optics and Photonics,2008.

[73] 姜焱,田瑞,姜鑫.基于有限元法的三维机织复合材料叶片振动特性分析[J].可再生能源,2017,35(7):1066-1071.

[74] 顾永强,冯锦飞,贾宝华.损伤风机叶片模态频率变化规律的试验研究[J].噪声与振动控制,2020,40(3):89-92.

[75] 曾海勇.应力刚化及损伤对风机叶片模态参数影响研究[D].哈尔滨:哈尔滨工业大学,2011.

[76] 张俊苹.基于振动的旋转风力机叶片损伤识别研究[D].哈尔滨:哈尔滨工业大学,2012.

[77] SURI S N G,VETRI V K,RICHARDSON M. Modes indicate cracks in wind turbine Blades[M].New York:Springer,2011.

[78] TARFAOUI M,KHADIMALLAH H,IMAD A,et al. Design and finite element modal analysis of 48 m composite wind turbine blade[J].Applied Mechanics & Materials,2011,146(10):170-184.

[79] GUTU MARIN. Analysis of a composite blade design for 10 kW wind turbine using a finite element model[J].Applied Mechanics&Materials,2014,65(7):589-593.

[80] 周勃,张亚楠,王琳琳,等.基于流固耦合的风力机叶片裂纹扩展机理研究[J].流体机械,2017,45(8):19-23.

[81] 杨宇宙,钱林方,徐亚栋,等.复合材料身管的疲劳裂纹扩展分析[J].弹道学报,2013,25(2):100-105.

[82] 王海鹏.无人机机翼肋板裂纹扩展有限元分析[D].南昌:南昌航空大学,2015.

[83] 胡舵.复合材料界面裂纹扩展机理的数值模拟研究[D].南昌:南昌大学,2013.

[84] 李恒,杨飏.低温冲击环境下的加筋板骨材裂纹扩展分析[J].哈尔滨工程大学学报,2017,38(4):31-36.

[85] 彭英,杨平,柯叶君.基于XFEM的平板斜裂纹动态扩展数值模拟[J].武汉理工大学学报:交通科学与工程版,2019,43(2):222-225.

[86] 房庆军.裂缝角度变化对裂缝扩展的影响分析[J].建筑施工,2020,42(4):187-189.

[87] SIERRA-PÉREZ J,TORRES-ARREDONDO M A,GÜEMES A. Damage and nonlinearities detection in wind turbine blades based on strain field pattern recognition[J]. FBGS, OBR and Strain Gauges Comparison, Compos. Struct. , 2016,135:156-166.

[88] JOOSSE P A,BLANCH,et al. Acoustic emission monitoring of small wing turbine blades[J]. Journal of Solar Energy Engineering,2002:AO2-14527.

[89] TANG J,SOUA S,MARES C,et al. An experimental study of acoustic emission methodology for in service condition monitoring of wind turbine blades[J]. Renew Energy,2016,99:170-179.

[90] GHOSHAL A,SUNDARESAN M J,SCHULZ M J,et al. Structural health monitoring techniques for wind turbine blades[J]. Journal of Wind Engineering and Industrial Aerodynamics,2000.

[91] 顾桂梅,胡让,李远远.果蝇优化算法融合SVM的风机叶片损伤识别研究[J].自动化仪表,2016,37(2):9.

[92] GAN T H,YE G,NEAL B,et al. An automated ultrasonic NDT system for in-situ inspection of wind turbine blades[J]. Journal of Mechanics Engineering and Automation,2014,4:781-788.

[93] RAIUTIS R,JASIŪNIEN E,UKAUSKAS E. Ultrasonic NDT of wind turbine blades using guided waves[J]. Ultragarsas,2008,63(1):7-11.

[94] 吴晓旸.利用压电陶瓷传感器的风机叶片损伤识别试验研究[D].沈阳:沈阳建筑大学,2013.

[95] 肖劲松,严天鹏.风力机叶片的红外热成像无损检测的数值研究[J].北京工业大学学报,2006,32(1):48-52.

[96] HAHN H,KENSCHE C W,PAYNTER R J H,et al. Design,fatigue test and NDE of a sectional wind turbine rotor blade[J]. Journal of Thermoplastic Composite Materials,2002,15(3):267-277.

[97] PRATUMNOPHARAT P,LEUNG P S,COURT R S. Application of Morlet

149

wavelet in the stress-time history editing of horizontal axis wind turbine blades [C]//2012 2nd International Symposium on Environment Friendly Energies and Applications(EFEA). IEEE,2012.

[98] PITCHFORD C,GRISSO B L,INMAN D J. Impedance-based structural health monitoring of wind turbine blades[J]. Proceedings of SPIE-The International Society for Optical Engineering,2007,69330:15.

[99] CIANG C C,LEE J R,BANG H J. Structural health monitoring for a wind turbine system:A review of damage detection methods[J]. Measurement Science & Technology,2008,19(12):310-314.

[100] OLIVEIRA G,MAGALHAES F,CUNHA A,et al. Vibration-based damage detection in a wind turbine using 1 year of data[J]. Structural Control and Health Monitoring,2018,25(11):e2238.1-e2238.22.

[101] 于坤林,谢志宇,王志敏.基于图像处理的航空发动机叶片检测技术研究[J].长沙航空职业技术学院学报,2013,13(3):32-35.

[102] 乌建中,陶益.基于短时傅里叶变换的风机叶片裂纹损伤检测[J].中国工程机械学报,2014,12(2):180-183.

[103] WANG L,ZHANG Z. Automatic detection of wind turbine blade surface cracks based on UAV-taken images[J]. IEEE Transactions on Industrial Electronics,2017,64(9):7293-7303.

[104] ABHISHEK REDDY,INDRAGANDHI V,RAVI L,et al. Detection of cracks and damage in wind turbine blades using artificial intelligence-based image analytics[J]. Measurement,2019,147:106823.

[105] BETZ A. Introduction to the theory of flow machines[J]. Introduction to the Theory of Flow Machines,1966:5-6.

[106] 张芙铭.对转双叶轮潮流能发电装置次级透平设计方法研究[D].长春:东北师范大学,2019.

[107] 陈远涛.风力机叶片荷载与其位移及应力/应变的耦合研究[D].呼和浩特:内蒙古工业大学,2017.

[108] 钱杰.低风速小型永磁风力机叶片及支承的研究与设计[D].武汉:武汉理工大学,2010.

[109] GLAUERT H. An aerodynamic theory of the airscrew[M]. H.M.S.O.,1922.

[110] 戴烁明,田德,邓英,等.基于叶素动量理论的风力机气动性能计算分析[C].中国可再生能源学会,2012.

[111] 刘利琴,肖昌水,郭颖.海上浮式水平轴风力机气动特性研究[J].太阳能学报,2021,42(1):294-301.

[112] HANSEN M O L,SORENSENA J N,VOUTSINASB S,et al. State of the art in wind turbine aerodynamics and aeroelasticity[J]. Progress in Aerospace Sciences,2006,42:285-330.

[113] GLAUERT H. Airplane propellers[M]. New York:Dover Publications,1963.

[114] SNEL H. Review of the present status of rotor aerodynamics[J]. Wind Energy,1998,1:46-69.

[115] SHEN W Z,MIKKELSEN R,SØRENSEN J N,et al. Tip loss corrections for wind turbine computations[J]. Wind Energy,2005,8(4):457-475.

[116] GROL H J,SNEL H,SCHEPERS J G. Wind turbine benchmark exercise on mechanical loads[R]. ECN-C-91-031,1991.

[117] SCHEPERS J G,SNEL H. Dynamic inflow:Yawed conditions and partial span pitch control[R]. ECN-C-95-056,1995.

[118] LEISHMAN J G,BEDDOES T S. A semi-empirical model for dynamic stall[J]. American Helicopter Society,1989,34(3):3-17.

[119] RIZIOTIS V A,VOUTSINAS S G,POLRTIS E S,et al. Aeroelastic stability of wind turbines:the problem,the methods and the issues[J]. Wind Energy,2004,7:373-392.

[120] HANSEN M O L. Aerodynamics of wind turbines[M]. London:James & James Science Publishers Ltd. ,2000.

[121] ZHANG X,WANG Y,JIANG X,et al. Parameter identification and sensor configuration in tip timing for asynchronous vibration of a deformed blade with finite element method simulated data verification[J]. Journal of Vibration and Acoustics,2020,142(2):021010. 1-021010. 13.

[122] DOWELL E H. A modern course in aeroelasticity[M]. Alphen Ann Den Rijn,the Netherlands:Sijthoff & Noordhoff International Publisher,1978.

[123] BIELAWA R L. Rotary wing structure dynamics and aeroelasticity[J]. AIAA Education Series,1992.

[124] KUNZ D L. Survey and comparison of engineering beam theories for helicopter rotor blades[J]. Journal of Aircraft,1994,31:473-497.

[125] 陈佳慧. 风力机气动弹性与动态响应计算[D]. 南京:南京航空航天大学,2012.

[126] 周桂林. 水平轴风力机风轮气弹动力学建模及分析研究[D]. 南京:南京航空航天大学,2012.

[127] SUKUMAR N,PREVOST J H. Modeling quasi-static crack growth with the extended finite element method Part I:Computer implementation-science direct[J]. International Journal of Solids and Structures,2003,40(26):7513-7537.

[128] MOSE N,DOLBOW J,BELYSTSCHKO T. A finite element with minimal remeshing[J]. International Journal for Numerical Methods in Engineering, 1999,46(1):131-150.

[129] 丁晶.扩展有限元在断裂力学中的应用[D].南京:河海大学,2007.

[130] 程靳,赵树山.断裂力学[M].北京:科学出版社,2006.

[131] 门妮.岩体Ⅰ型裂纹的有限元数值模拟分析[J].山西建筑,2008(5):143-145.

[132] MELENK J M,BABUKA I. The partition of unity finite element method:Basic theory and applications[J]. Computer Methods in Applied Mechanics and Engineering,1996,139(1-4):289-314.

[133] CHEN D H. A crack normal to and terminating at abimaterial interface[J]. Engineering Fracture Mechanics,1994,49(4):517-532.

[134] 杨志锋,周昌玉,代巧.基于扩展有限元法的弹塑性裂纹扩展研究[J].南京工业大学学报(自然科学版),2014,36(4):50-57.

[135] 李录贤,王铁军.扩展有限元法(XFEM)及其应用[J].力学进展,2005,25(1):5-20.

[136] 底月兰,王海斗,董丽虹,等.扩展有限元法在裂纹扩展问题中的应用[J].材料导报,2017,31(3):70-74,85.

[137] 谢海.扩展有限元法的研究[D].上海:上海交通大学,2009.

[138] 谢晓凤.基于流固耦合的风力机叶片应力/应变特性研究[D].呼和浩特:内蒙古工业大学,2018.

[139] 党永利.风力机叶片动态特性及气弹稳定性分析[D].呼和浩特:内蒙古工业大学,2019.

[140] 周瑜.采用滑移网格的二维非定常 NS 方程数值计算[D].绵阳:中国空气动力研究与发展中心,2009.

[141] 任年鑫,李玉刚,欧进萍.浮式海上风力机叶片气动性能的流固耦合分析[J].计算力学学报,2014,31(1):91-95.

[142] 王强,陈超,胡荣华.基于 SST k-ω 湍流模型的高层建筑体型系数数值研究[J].沈阳建筑大学学报(自然科学版),2012,28(3):417-422.

[143] 邵玲玲,孙婷,邬锐,等.多普勒天气雷达中气旋产品在强风预报中的应用[J].技术交流,2005,31(9):34-38.

[144] 格桑卓玛,马康利.2011—2018 年改则县大风天气统计分析[J].农家参谋,2020,651(7):86-86.

[145] 陈雯超,刘爱君,宋丽莉,等.不同强风天气系统风特性的个例分析[J].气象,2019,45(2):251-262.

[146] ROUL R,KUMAR A. Fluid-structure interaction of wind turbine blade using

four different materials: Numerical investigation[J]. Symmetry, 2020, 12(9): 1467.

[147] HSU M C, BAZILEVS Y. Fluid-structure interaction modeling of wind turbines: Simulating the full machine[J]. Computational Mechanics, 2012, 50(6): 821-833.

[148] CHENG Y, XUE Z, JIANG T, et al. Numerical simulation on dynamic response of flexible multi-body tower blade coupling in large wind turbine[J]. Energy, 2018, 152: 601-612.

[149] COSTA ROCHA P A, BARBOSA ROCHA H H, MOURA CARNEIRO F O, et al. k-ω SST (shear stress transport) turbulence model calibration: A case study on a small scale horizontal axis wind turbine[J]. Energy, 2014. 65(C): 412-418.

[150] STEIJL R, BARAKOS G. Sliding mesh algorithm for CFD analysis of helicopter rotor-fuselage aerodynamics[J]. International Journal for Numerical Methods in Fluids, 2010, 58(5): 527-549.

[151] JOHNSON E, PUGH K, NASH J W, REABURN G, et al. On analytical tools for assessing the raindrop erosion of wind turbine blades[J]. Renewable and Sustainable Energy Reviews, 2021, 137.

[152] 杨阳,李春,廖维跑,等.高速强湍流风况下的风力机结构动力学响应[J].动力工程学报,2016,36(08):637-644.

[153] ZHU R, CHEN D D, WU S W. Unsteady flow and vibration analysis of the horizontal-axis wind turbine blade under the fluid-structure interaction[J]. Shock and Vibration, 2019, 2019(9): 1-12.

[154] 王静.复合材料风机叶片结构校核理论及数值仿真方法研究[D].成都:西南交通大学,2011.

[155] MARCEL S, ANSTOCK F, SCHORBACH V. Progressive structural scaling of a 20 MW two-bladed offshore wind turbine rotor blade examined by finite element analyses[J]. Journal of Physics: Conference Series, 2020, 1618(5): 052017 (11pp).

[156] SUDHARSAN S G, XAVIER A E S, RAGHUNATHAN V R. Fatigue load mitigation in wind turbine using a novel anticipatory predictive control strategy[J]. Proceedings of the Institution of Mechanical Engineers, 2020, 234(1): 60-80.

[157] ABDULRAHEEM K F, AL-KINDI G. A simplified wind turbine blade crack identification using experimental nodal analysis (EMA)[J]. International Jour-

nal of Renewable Energy Research,2017,7(2):715-722.

[158] ZHANG M,LI Q,LI H,et al. Damage mechanism of wind turbine blade under the impact of lightning induced arcs[J]. Journal of Renewable & Sustainable Energy,2019,11(5):053306.

[159] TAYLOR S G,FARINHOLT K,CHOI M,et al. Incipient crack detection in a composite wind turbine rotor blade[J]. Journal of Intelligent Material Systems & Structures,2014,25(5):613-620.

[160] HASELBACH P U,BRANNER K. Initiation of trailing edge failure in full-scale wind turbine blade test[J]. Engineering Fracture Mechanics,2016,162:136-154.

[161] ZHAO Q,LI W,SHAO Y,et al. Damage detection of wind turbine blade based on wavelet analysis[C]. 2015 8th International Congress on Image and Signal Processing(CISP),IEEE,2016.

[162] ZHANG Y,CUI Y,XUE Y,et al. Modeling and measurement study for wind turbine blade trailing edge cracking acoustical detection[J]. IEEE Access,2020,(99):1-1.

[163] 姚小元.潮流能水轮机叶片结构力学性能分析及优化[D].哈尔滨:哈尔滨工程大学,2015.

[164] MIHALEV M. Finite element analysis of fatique of bare metal stents[C]. AIP Conference Proceedings,2019.

[165] 邢帅恒.风力机复合材料叶片铺层结构动力学分析[D].湘潭大学:湘潭大学,2013.

[166] 张治国.基于模态分析理论和神经网络的桥梁损伤识别方法研究[D].武汉:武汉理工大学,2005.

[167] 苏天,薛刚.基于动力特征的风力机叶片损伤识别有限元分析[J].内蒙古科技大学学报,2017,36(1):45-50.

[168] 殷雅俊,范钦珊.材料力学[M].北京:高等教育出版社,2019.

[169] CAR M,MARKOVIC L,IVANOVIC,A,et al. Autonomous wind-turbine blade inspection using lidar-equipped unmanned aerial vehicle[J]. IEEE Access,2020(99):1-1.

[170] KHADKA A,FICK B,AFSHAR A,et al. Non-contact vibration monitoring of rotating wind turbines using a semi-autonomous UAV[J]. Mechanical systems and signal processing,2020,138:106446.1-106446.14.

[171] BIN H E,JIA J,ZHAO F,et al. Application of UAV in detection of wind turbine blades[J]. Electric Engineering,2019.

[172] SINGH,ASHISH,KUMAR,et al. Automatic measurement of blade length and rotation rate of drone using W-band micro-doppler radar[J]. IEEE sensors journal,2018,18(5):1895-1902.

[173] LONG W,ZHANG Z. Automatic detection of wind turbine blade surface cracks based on UAV-taken images[J]. IEEE Transactions on Industrial Electronics,2017,64(9):7293-7303.

[174] XYA B,YZ A,WEI L A,et al. Image recognition of wind turbine blade damage based on a deep learning model with transfer learning and an ensemble learning classifier[J]. Renewable Energy,2021:163,386-397.

[175] XIAOYI Z,CHAOYI D,PENG Z,et al. Detecting surface defects of wind turbine blades using an AlexNet deep learning algorithm[J]. IEICE Transactions on Fundamentals of Electronics, Communications and Computer Sciences,2019,E102. A(12):1817-1824.

[176] SHIN H C,ROTH H R,GAO M,et al. Deep convolutional neural networks for computer-aided detection:CNN architectures,dataset characteristics and transfer learning[J]. IEEE Trans. Med. Imaging,2016,35(5):1285-1298.

[177] NEBAUER C. Evaluation of convolutional neural networks for visual recognition[J]. IEEE Trans. Neural Networks,1998,9(4):685-696.

[178] Faster R-CNN:Towards real-time object detection with region proposal networks[J]. IEEE Transactions on Pattern Analysis and Machine Intelligence,2015,39(6):1137-1149.

[179] SIMONYAN K,ZISSERMAN A. Very deep convolutional networks for large-scale image recognition[J]. Computer Science,2014:9.